速查版 宝宝52周全程指导

SUCHABAN BAOBAO 52 ZHOU QUANCHENGZHIDAO

李扬 主编
北京妇产医院产科主任医师
申南 副主编
北京妇产医院产科主治医师

ARTTIME 时代出版
时代出版传媒股份有限公司
安徽科学技术出版社

图书在版编目（CIP）数据

速查版宝宝52周全程指导 / 李扬主编. -- 合肥 : 安徽科学技术出版社, 2013.6

ISBN 978-7-5337-5911-7

Ⅰ. ①速… Ⅱ. ①李… Ⅲ. ①婴幼儿—哺育—手册 Ⅳ. ①TS976.31-62

中国版本图书馆CIP数据核字（2013）第030483号

速查版宝宝52周全程指导　　李扬主编　申南副主编

出版人：黄和平　　选题策划：王晓宁　　责任编辑：杨　洋

出版发行：时代出版传媒股份有限公司　　http://www.press-mart.com

安徽科学技术出版社　　http://www.ahstp.net

（合肥市政务文化新区翡翠路1118号出版传媒广场，邮编：230071）

电话：（0551）63533330

印　制：北京恒石彩印有限公司　　电话（010）60295960

（如发现印装质量问题，影响阅读，请与印刷厂商联系调换）

开本：710×960　1/16　　印张：14　　字数：130千

版次：2013年6月第1版　　2013年6月第1次印刷

ISBN　978-7-5337-5911-7　　定价：39.90元

目 录
contents

第一章 1～4周 精心呵护新生宝宝

第二章
5～8周 吃完就睡的“小懒猫”

第三章 9～12周 快速成长期的宝宝

第四章 13～16周 宝宝学会翻身啰

第五章

17～20周　该为宝宝添加辅食啦

第六章 21～24周 宝宝坐起来了

第七章 25～28周 宝宝萌出乳牙了

第八章

29～32周　好奇宝宝来啦

第九章

33～36周　宝宝会爬了

第十章 37～40周 宝宝终于能站立了

第十一章

41～44周 该给宝宝断奶了

第十二章

45～48周 个性初露的小精灵

第十三章

49～52周　宝宝迈出人生第一步

鸣谢：

特邀模特：崔晶晶　鼎　鼎　黄煜宸　刘腾文　蒙乐山　妮　妮　王露晨之　王云钧美　小东子　牙　牙　樱　桃　悦　歌　周庭泉

摄影师：郭力绮　郭泳君　李　晋　李　雪　李永雄　武　勇　红　雷　张　磊　杨佳静　Daivd

第一章

1～4周　精心呵护新生宝宝

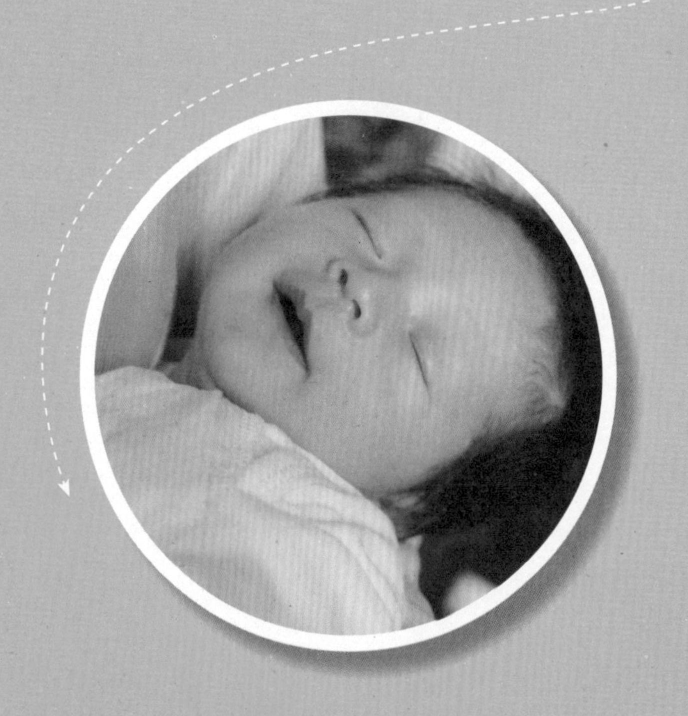

第1周

日常护理指导

提前为宝宝准备生活用品

婴儿床　应选有安全认证标志的，护栏的间距不超过6厘米，护栏上没有裂痕缝隙；床垫可以调整高低，当床垫在最上面的位置时，护栏仍应保持55厘米以上的高度；同时，护栏上方最好有塑胶罩，并且必须装得十分紧密牢固，因为孩子长牙时会咬。

婴儿床床垫　婴儿床床垫应选结实的，而且大小刚好塞进婴儿床中，与床边之间的缝隙以不超过成人两根手指宽幅为准。还应准备一个床周护垫，刚好可以在护栏上绑紧一圈，至少有6条绑绳可用以牢系在栏杆上。

婴儿用澡盆、浴缸、安全椅　应选带有防滑底层而易于清洗的，也可以另外放置毛巾或防滑垫以防止宝宝摔滑。最好有支撑婴儿头部及肩膀的设计，而且容易搬动。浴缸用安全椅是准备宝宝稍大以后到大浴缸洗浴时使用的，应该选带有固定绑带或下面有吸盘的，以保持稳定及安全。

摇篮或摇椅　并非必需品，如准备则应选带有结实床垫、床底稳固、大小适合的。摇椅可在喂奶或安抚宝宝时使用，如有需要应该选底座坚固，坐起来感觉舒适的。

被褥　3～5条床单，用于铺婴儿床、摇篮、婴儿车、躺椅等。2～8件防水的垫子，保护婴儿床、摇篮、推车以及其他家具。3条可换洗的毯子或被子，放在婴儿床或摇篮之中；夏季应该用质轻通风的，冬天的则要选比较厚重的。1～2条可以放在推车或婴儿躺椅上的毯子。

宝宝的喂奶用具准备

虽然我们提倡母乳喂养，但有很多原因可能导致某些妈妈选择人工喂养。这样就需要准备好婴儿的喂奶用具。

奶瓶　一般奶瓶有3种规格：120毫升、200毫升、240毫升。一般情况下都是买120毫升的，但最实惠的是200毫升的。因为200毫升的奶瓶可以冲出120毫升奶瓶能够冲出的任何一种量，而120毫升的奶瓶使用时间太短。240毫升使用的也不多。选购时，还是买玻璃的比较好，因为玻璃的容易清洗，消毒过程也比较安全（奶瓶等的消毒主要还是开水煮），可以基本忽略有毒物质。

消毒锅　婴儿用的消毒锅最好选择用蒸汽的那种。它虽然价格相对较高，但还是值得的，因为消毒太方便了。

小勺、小碗　宝宝用的小勺、小碗。宝宝刚出生的时候如果妈妈一时没有下奶，也不要用奶瓶喂奶，以免造成乳头混淆，增加母乳喂养的难度，因此，可以选择小勺喂。

宝宝的清洁用品准备

宝宝洗澡用的肥皂或沐浴精，每次用微量即可。

婴儿洗发精　由于宝宝很小，所以要选择不刺激眼睛的洗发精来洗头发。

湿纸巾　换尿布、擦手皆可使用，在最初几个星期则最好是用棉花球蘸纯水。

消毒棉球　用以清洁宝宝眼部，蘸酒精擦拭脐带脱落处，以及在宝宝出生后几周内或有尿布疹时，作为换尿片的清洁品。

婴儿用指甲剪、梳子及发刷等。

婴儿油、凡士林、湿疹膏　这些并非必需品，应在儿科医生指导下使用。如凡士林可在使用肛温计时作润滑之用等，但不能用来自行治疗尿布疹。

小心护理宝宝的肚脐

在宝宝脐带脱落的前几天，肚脐可能会出血或者有渗出物，这种现象可能一直持续到脐带完全脱落。在此期间必须保持肚脐及附近的洁净和干燥，以防止感染。

如果发现宝宝尚未愈合的肚脐变得很湿，并伴有脓水流出，就需要每天用棉签蘸着酒精清洗肚脐周围有皱褶的地方。在给宝宝换尿布时，需将前端往下折到肚脐以下，同时把上衣往上翻，以便肚脐能直接与空气接触，保持干爽。

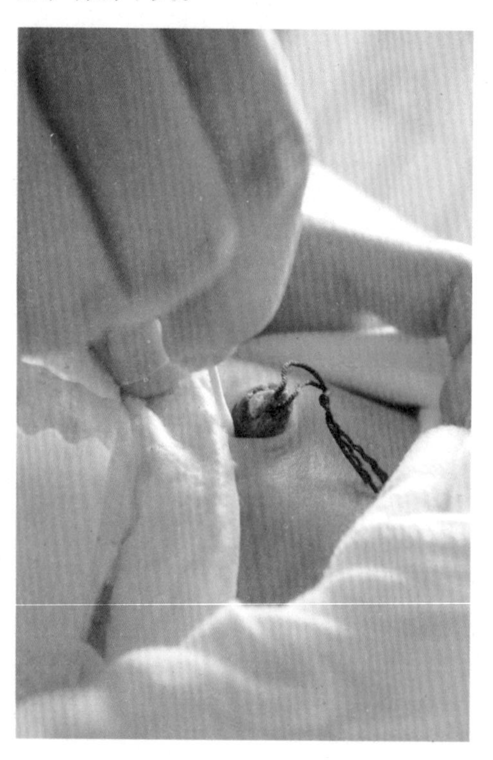

如果发现宝宝肚脐和周围的皮肤发红，或者流出有臭味的脓水，说明可能有感染，应立即去医院诊治。如果宝宝肚脐上尚未愈合的硬痂被衣物刮掉，这时可能会出点儿血，不必过于慌张，只要护理得当，很快就会好的。

营养饮食要点

母乳——最营养的天然食物

新生儿的胃解酯酶含量较低，消化功能比较弱，一般只能消化乳类，尤其是母乳，因为母乳中含有解脂酶。

由于牛奶中缺乏解酯酶，所以用牛奶喂养的新生儿易出现脂肪泻。母乳中所含蛋白质多为乳蛋白，易于宝宝消化，并且脂肪颗粒也较牛奶细。母乳中含有使脂肪消化更完全的解酯酶，这样可使食物进入胃里后更容易吸收，而不会在胃里堆积，引起便秘等症状。

宝宝的机体抗病能力相对成人来说较弱，因此稍有病菌侵入便会致病。而母乳直接喂哺，可以减少微生物从口侵入的机会，减少疾病的发生。而且母乳中含有抗体，母乳喂养的宝宝，很少出现胃肠失调的症状，有其他疾病或营养问题也可依赖母乳解决。母乳喂养6个月以上，可明显降低儿童时期患癌症的危险，特别是淋巴癌。母乳喂养的宝宝不易患儿童过敏症，且有研究表明，母乳喂养的宝宝在出生后第一年，中耳炎感染率低。

哺乳的正确姿势

妈妈哺乳时和宝宝应当是腹部贴腹部，宝宝嘴含着乳头，鼻子不能靠得太近，以防堵塞，影响呼吸。宝宝的头和身体应保持在一条直线上。

妈妈可以躺着喂宝宝，但要用枕头或靠垫支撑住后背和胳膊，特别是妈妈的头部要垫高一些。宝宝的头部、背部和臀部也要用枕头或靠垫支撑，但宝宝的头部不能垫得太高，要与身体水平，头部稍侧向妈妈。

妈妈也可以采取坐姿哺乳，后背用靠垫或枕头支撑，用脚垫把脚支起来，用左臂或者右臂环抱住宝宝，另一只手托住自己的乳头。帮宝宝含吮乳头，检查宝宝的姿势，是哺乳的关键。宝宝的含接姿势很重要。每次哺乳时应先将乳头触及宝宝的口唇，引起宝宝的觅食反射，当宝宝口张大、舌向下的一瞬间，将宝宝靠向自己，使其能大口地把乳晕也吸入口内。这样，宝宝在吸吮时就能充分挤压乳晕下的乳窦，使乳汁排出，还能有效地刺激乳头上的感觉神经末梢，促进泌乳和排乳反射。

如果宝宝的颌部肌肉做出缓慢而有力的动作，并有节奏地向后伸展直至耳部，说明宝宝的含接姿势正确。反之，如出现两面颊向内的动作，说明宝宝含接姿势不正确，应马上矫正。妈妈要让宝宝含吮到大部分乳晕，否则宝宝可能会咬拽乳头，引起妈妈的疼痛感。如果妈妈觉得姿势不合适，可以轻轻地使宝宝离开你的胸部，换个舒适的姿势为宝宝喂奶。

妈妈手的正确姿势是将拇指和四指分别放在乳房上方和下方，托起整个乳房喂哺，避免用“剪刀式”来夹托乳房（乳汁流速过快的情况除外）。“剪刀式”会反向推乳腺组织，阻碍宝宝将大部分乳晕含入口内，不利于充分挤压乳窦内的乳汁。

体能智能锻炼

新生儿喜欢游泳

新生儿游泳是指出生12个月内的婴儿在专门的安全保护措施下，在经

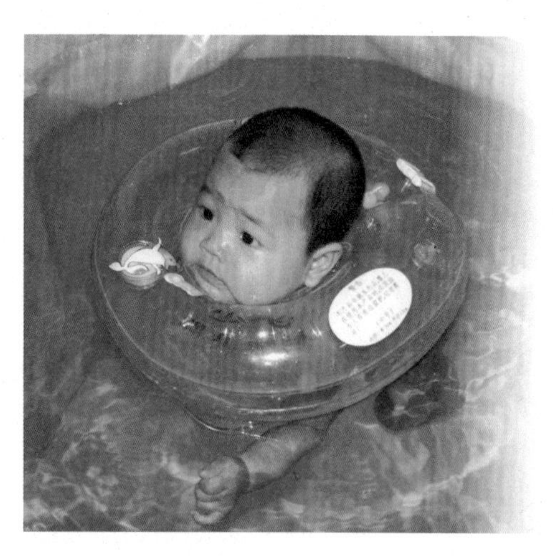

过专门培训的人员操作和看护下进行的一项特定的、阶段性的人类水中早期保健活动，分为被动游泳操和自主泳动两部分。

通过以水为介质的皮肤接触及各个关节大幅度的自主活动和被动游泳操活动，可以同时温和自然地刺激宝宝的视觉、嗅觉、触觉，尤其是平衡觉。

游泳能使宝宝身心受到抚慰，带来全身（包括神经、内分泌、消化及免疫等系统）一系列的良性反应，从而促进宝宝身心的健康发育。另外，还能促进宝宝早期的智力发育和情商发育。

新生儿也有“条件反射”

刚出生的宝宝，并不是什么都不会，他们有一些天生的动作。当你用手轻轻触及新生宝宝的一侧面颊时，他的头会立即转向该侧；若轻轻触及其上嘴唇，可出现噘嘴动作，像在寻找食物，称为觅食反射，这种动作持续至3～4个月时消失；当妈妈把乳头或其他物体放入宝宝口中时，他会立即出现吸吮动作，称为吸吮反射，出生后4个月时消失，但睡眠中或自发的吸吮动作可持续很久。

健康专家提醒

生理性黄疸是正常现象

有些父母发现宝宝出生后2～3天皮肤开始变黄，最明显的部位是面颈部，重者可延及躯干四肢和眼睛，这无疑会引起父母的极大担忧和恐慌。其实在大多数情况下，这种现象是生理性黄疸，随着宝宝慢慢长大，黄疸会逐渐消退，父母不必过于紧张。

这种黄色是由于血液中胆红素浓度增高造成的。胆红素是红细胞正常分解后的产物，通常由肝脏处理后再经肾脏排出。刚出生的宝宝肝脏发育不成熟，没有足够的能力代谢体内的胆红素，便会出现这种现象，医学上称之为新生儿生理性黄疸。生理性黄疸通常出现在出生后的2～3天，4～5天达到高峰，7～10天后逐渐消失。如果是早产儿，可能会延续到2～4周之后才能消失。此外，男婴和低体重的宝宝更容易出现新生儿生理性黄疸。出现这种状况时，只要宝宝精神反应好，体温正常，父母不必过于紧张。但如果黄疸出现过早（生后24小时内），程度过重（血清胆红素浓度大于220.6微摩尔/升），时间过长（足月儿大于2周，早产儿大于3周），黄疸退而复现等，应考虑病理性黄疸，医生通常会将宝宝留院观察几天。

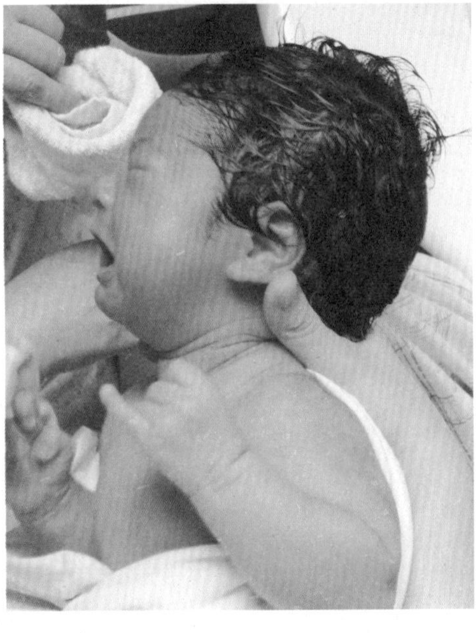

宝宝胎便的颜色

妈妈为宝宝换尿布时，有时会被宝宝黑绿色的大便（胎便）吓一跳，以为宝宝生病了。其实，这种大便颜色是正常的。因为当宝宝还在妈妈肚子里的时候，这种黑绿色的物质就存在了，出生后宝宝的肠蠕动正常，所以出生后可以将这些东西排出体外。通常在宝宝出生24小时之内，胎便基本排泄干净，接下来的2～3天，是过渡期的排便，大便颜色将由暗绿色转变为黄色，并且稀软，有时还会带有黏液。

另外，由于每个宝宝的喂养状况不同，大便颜色也会各有差异。一般而言，母乳喂养的宝宝排出金黄色的粪便，形态稀软；奶粉喂养的宝宝，排便的形状或颜色会有很多种，从淡黄色到褐绿色都有，如配方奶粉中含铁比较多，大便颜色会深得像黑色等。所以，千万不能仅仅根据宝宝的粪便判断其身体健康状况。即使是同一个宝宝，每天大便的颜色也会有所不同。

第2周

日常护理指导

选择合适的纸尿裤

新生儿时期会经常用到纸尿裤。因此，如何选择安全舒适的纸尿裤也是新手父母应该关注的问题。

尺寸大小合适　根据宝宝的月龄及体形大小，选择适合宝宝的纸尿裤。太小的容易使宝宝的排泄物露出，太大的则不利于宝宝的肢体活动。

轻薄、透气　纸尿裤的质地应轻薄透气，这样能更快、更好地向外疏导热气和湿气，让宝宝的小屁股时刻保持干爽。尤其是在外出或者因某种原因不能及时更换时，也能减轻排泄物对宝宝皮肤的刺激。

带滋润保护层　除了考虑先进的透气设计以外，优质的纸尿裤一般都会紧紧地贴在宝宝的小屁股上，而且其中还添加了天然的具有护肤成分的无纺布层，能够起到很好的保护宝宝皮肤的作用。

正规厂家生产　一定要注意给宝宝选择正规厂家生产的、质量可靠的纸尿裤。最好到大商场或大型超市购买，而且在购买前，一定要先查看上面的商标和说明，以免买到假货。

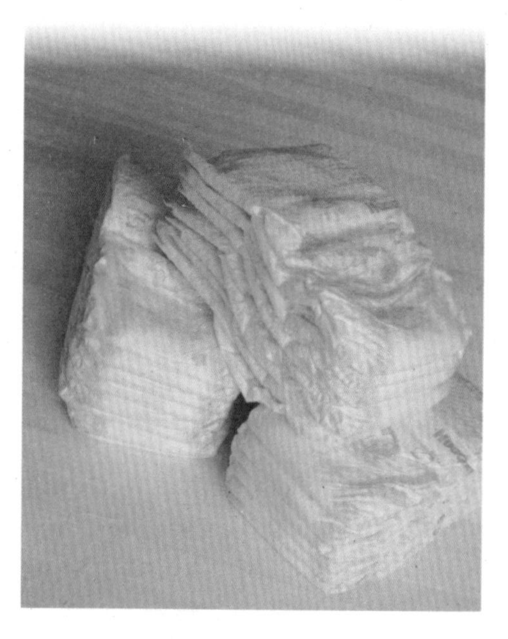

轻松给宝宝换尿布

在为宝宝换尿布之前，先将需要的用品放在伸手可及之处。如干净的尿布、棉球、温水、一条小毛巾和可供换洗的衣服。如有必要，还应准备一些治疗尿布疹的软膏等。还可以准备能够吸引宝宝注意力的玩具，或是有逗宝宝的人在旁边。双手洗净后，妈妈就可以为宝宝换尿布了。

换尿布时，可以参考以下方法：在换尿布的台面上最好先垫一块塑胶布，然后解开宝宝身上的尿布，但先别拿开。若是排粪便，就利用原先的尿布把粘在小屁股上的大部分粪便抹去。如果是男宝宝，最好用尿布先遮挡着阴茎。可将尿布折一下，使干净的那面朝上，先垫在宝宝的小屁股下暂作保护面，然后由前往后清洁小屁股的前方部位，再抬起宝宝的两条腿擦拭小屁股。必须仔细清洁所有褶皱处，然后用干净的尿布来取代脏尿布。如果是纸尿裤，脏尿裤要谨慎处理，成形的大便最好倒入马桶内冲掉，然后将纸尿裤卷好再粘紧，丢入垃圾桶中。

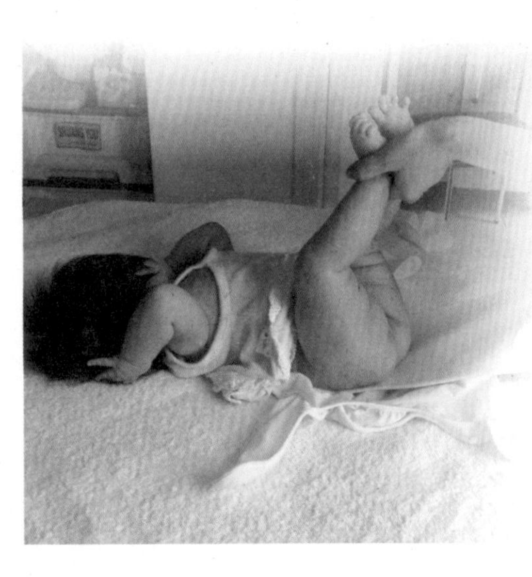

营养饮食要点

人工喂养要选对奶粉

有些宝宝由于妈妈生病或母乳不足等原因，需要人工喂养。目前，市场上可供选择的奶粉品种很多，所以应认真选用。

婴儿奶粉　婴儿奶粉以牛奶为主要原料，应用营养互补原理，从大豆中提取大豆蛋白和油脂来弥补牛奶中酪蛋白含量高不易消化的缺点，补充了单糖，增加了维生素D和微量元素铁，较适合宝宝食用。

配方奶　营养学家根据母乳的营养成分，重新调整搭配奶粉中酪蛋白与乳清蛋白、饱和脂肪酸与不饱和脂肪酸的比例，除去了部分矿物盐的含量，加入适量的营养素，包括各种必需的维生素、乳糖、精炼植物油等物质。适合1岁以内的宝宝。

在选择奶粉时还要注意以下几点：包装要完好无损，不透气；包装袋上要注明生产日期、生产批号、保存期限，保存期限最好是用钢印打出的，没有涂改嫌疑。奶粉外观应是微黄色粉末，颗粒均匀一致，没有结块，闻之有清香味，用温开水冲调后，溶解完全，静止后没有沉淀物，奶粉和水无分离现象。如果出现相反情况，说明奶粉质量可能有问题。

虽然有的奶粉保质期比较长，但最好购买近期生产的奶粉。

具有知名度的品牌奶粉当然好，但要防止冒牌货。要从大超市、商场购买，除了防止假货外，大超市和商场商品周期短，能够买到生产日期近的商品。

为新生儿调配配方奶的方法

在为宝宝调配配方奶的时候，请按照厂商的调配说明进行。说明中的奶粉和水的比例已经过认真的计算，可以为宝宝提供最好的营养。最好一次调配一瓶奶，一次没有喝完的奶超过4小时就不要再喂给宝宝了。具体方法如下：

准备好调配所需的工具：奶瓶、奶嘴、配方奶粉罐中带刻度的勺子、水壶等。

将适量经冷却处理的沸水倒入消毒过的奶瓶中。

用带刻度的勺子取精确分量的配方奶粉，使奶粉的表面与勺齐平。

将奶粉倒入水中，盖上奶瓶的瓶盖，充分晃动瓶身，直到奶粉全部溶解。在奶还是热的时候，将奶瓶放入冰箱内后部（不要靠近冰箱门），使其快速冷却。

为新生儿喂配方奶的步骤和方法

调好配方奶后就要着手给宝宝喂奶了，爱抚是喂奶的第一步。喂奶前，妈妈要先将宝宝轻柔地抱起，解开或掀起上衣，让宝宝贴近妈妈的胸部，充分享受肌肤之亲。妈妈要望着宝宝的眼睛，在用奶瓶喂宝宝之前，轻柔地和宝宝说话、微笑，这些都有助于增进宝宝和妈妈之间的感情。

千万不要在没人照看的情况下，将奶瓶留在宝宝嘴里，以免导致呛奶或窒息。

在喂宝宝喝奶之前，将配方奶温热，或用热水冲一下奶瓶，或将奶瓶放在热水中泡一会儿。不要用微波炉加热。注意，在将奶瓶放入宝宝口中之前，要先滴几滴在你的手腕背部试试温度，确保奶温热而不至太烫。

在喂奶时注意保持奶瓶倾斜，让奶嘴中充满奶，这样宝宝就不会吸到空气了。

宝宝吃完以后，要将宝宝竖起，将宝宝头靠在妈妈肩部，轻轻地拍打宝宝的背部，帮助宝宝排出由于在吃奶过程中进入胃里的气体，防止宝宝胀气和溢奶。

通过“五看”来判别哺乳量。宝宝的奶量够不够是父母最关心的问题，一般情况下，满足下列情况就表示哺乳量适宜：

一看哺乳次数　1～2个月宝宝每天需要吃8～10次，3个月的宝宝每天至少要吃8次。

二看排泄　每天换6块以上湿透的尿布，期间有2～3次软大便。

三看睡眠　能够安静入睡4个小时左右。

四看体重　每星期平均增加体重150～170克，3个月时则为200克左右。

五看神情　吃饱后的宝宝很满足，小眼睛闪亮，反应灵敏。

喂奶工具的配置及消毒

在使用牛奶及配方奶喂养新生儿时，可供选择的工具有很多种，但无论使用哪一种，都要严格进行消毒。

奶瓶　奶瓶是为新生儿喂奶不可缺少的工具。为了新生儿的健康，必须要在新生儿每次吃奶之后将奶瓶进行清洗和消毒，以消灭残留在奶瓶里的细菌。具体步骤和做法是：先将奶瓶冲净，然后分别洗一下奶嘴和瓶身，用一把小刷子把残余物刷净。将奶嘴翻转过来，看看吸孔有没有堵塞。再用清水冲洗一遍，然后给奶瓶和奶嘴消毒。

奶锅　奶锅不宜过大，以每次能煮1.5千克的牛奶为宜，材质应以不锈钢为佳。煮奶前，一定要认真、仔细地进行消毒，包括手柄。

消毒时，可以采用以下方法：

煮沸消毒法　顾名思义，是将奶瓶和其他喂奶工具放入深锅中，使工具完全浸在水中，然后煮沸10～15分钟。

用消毒剂消毒　将奶瓶和其他喂奶工具放入一个大容器中，加水没过其高度，放入消毒剂（固体或液体均可），然后浸泡30分钟。

蒸汽消毒机消毒　这是一种电动设备，只需加入水就可产生足够的蒸汽来为奶瓶消毒，大约需要10分钟。

微波消毒装置　这是一种特别设计的、可放入微波炉的蒸汽装置。消毒大约需要5分钟。但使用前必须先确定奶瓶和其他工具可以用微波消毒。

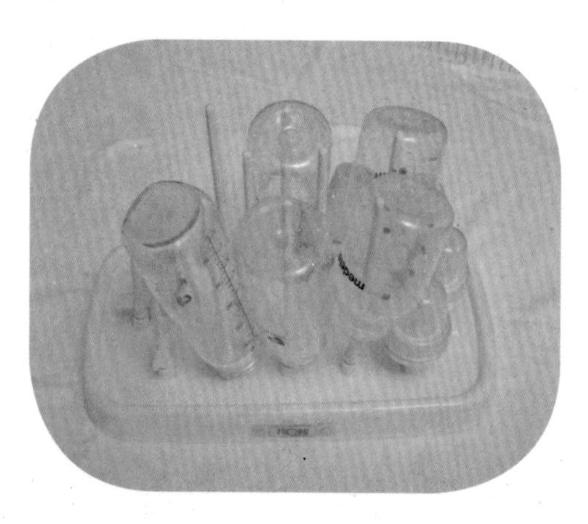

体能智能锻炼

经常为宝宝按摩

新生儿的皮肤娇嫩、柔软，同时也非常脆弱，而且容易发生干燥、瘙痒等，所以需要特殊的呵护。每天帮宝宝清洗或者按摩，无论是促进父母与宝宝之间的交流，还是促进宝宝的发育和成长，都具有不可替代的重要作用。

抚摸可以促进宝宝发育，最初是从早产儿的护理实践中发现和总结出来的。最初，这些弱小的宝宝由于先天不足，通常与父母分离，被隔离在育儿箱里，与正常的足月儿相比，受到父母爱抚和拥抱的机会要少得多。于是，美国迈阿密的一家抚摸研究中心进行了一项研究，将一组接受按摩的早产儿和另一组没有接受按摩的早产儿进行比较。结果表明，接受按摩的宝宝增重较快，并且比其他宝宝平均早6天出院回家。经过追踪调查进一步发现，当这些宝宝长到8个月大的时候，接受按摩的宝宝体重增加得更多，而且发育状况比没有接受按摩的宝宝要好。

事实证明，抚摩对宝宝的健康有很多益处，一是可以促进宝宝免疫系统发育，促进血液循环；二是可以使宝宝的肌肉得到锻炼，变得更为结实；三是向宝宝表达爱意，使宝宝的交感神经兴奋起来，有利于宝宝的健康成长。抚摸随时都可以进行，比如哺喂、洗澡、换尿布等时候。相信用不了多长时间，你就会感受到母婴之间互动的乐趣了。

给宝宝按摩的方法

头部按摩　用双手按摩宝宝的头顶，轻轻画圈做圆周运动，但要避开囟门。接着按摩脸的侧面，然后，用指尖从中心向外按摩宝宝的前额，轻轻地从宝宝额部中央向两侧推，然后移向眉毛和双耳。这种按摩方式对平息宝宝的暴躁特别管用。

颈肩部按摩　先从宝宝的颈部向下抚触，慢慢移至肩膀，由颈部向外按摩。按摩宝宝的脖子，从耳朵到肩膀，从下巴到胸前，然后从宝宝的脖子向外按摩肩膀。

胸腹部按摩　轻轻沿着宝宝肋骨的曲线抚触宝宝胸部。在宝宝的腹部用手指画圈揉动，从肚脐向外做圆周运动，以顺时针方向逐渐向外扩大。可以两只手轮换着连续进行按摩，但不要太用劲。

胳膊按摩　让宝宝仰面躺着，拿起一只胳膊，首先从腕到肘，再从肘到肩膀。然后，从双臂向下抚触、滚揉。最后按摩宝宝的手腕、小手和手指，并用指尖抚触宝宝的每一根手指。

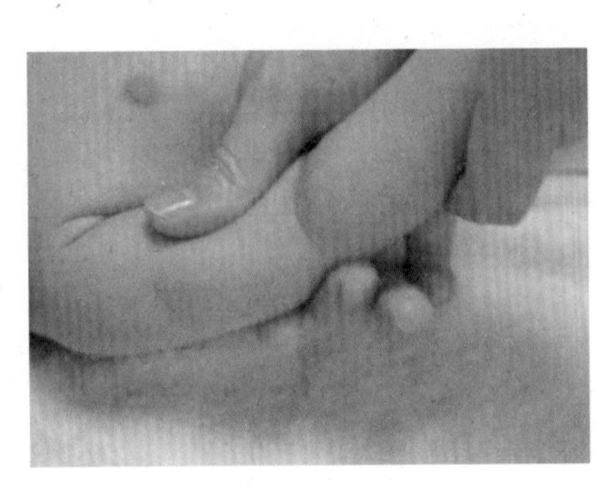

腿部、脚和脚趾按摩　从宝宝的大腿开始向下，将一只手放在宝宝的肚子上，然后从大腿向脚踝方向轻轻抓捏宝宝腿部，并轻轻揉动。轻轻摩擦宝宝的脚踝和脚，从脚跟到脚趾进行抚触，然后分别按摩每个脚趾。还可以将脚趾给宝宝看，让他意识到脚趾是自己身体的一部分。

后背按摩　按摩后背时，要轻轻地把宝宝翻过来，用手掌从宝宝的腋下向臀部方向按摩，同时用拇指轻轻挤压宝宝的脊骨。因为按摩时，宝宝看不到父母的脸，所以应当一直跟宝宝说话。

健康专家提醒

给宝宝按摩的注意事项

按摩是新生儿日常护理的重要内容之一，为使按摩顺利进行，需要注意以下几点：

在为宝宝按摩之前，需要准备好婴儿按摩油或乳液和铺在宝宝身下的柔软毛巾，同时可以播放一些轻柔的音乐。

可以在宝宝两周后开始按摩。要选择宝宝精神状态较好时，并保证室温合适。通常可以选择晚上宝宝洗完澡后，因为这时的宝宝比较安静而且放松。而且最好选择在两次喂奶之间，因为宝宝刚吃完奶时接受按摩，会因为太饱而感到不舒服；饥饿的时候按摩，也会很快不耐烦。

按摩时最好直接按摩宝宝皮肤，但如果宝宝不喜欢被脱掉衣服，也可以让他穿着连体衣，这样在按摩时会比较顺畅，或只给他穿一件背心或外罩。如果是全身按摩，可以从头部开始向下轻轻按摩，对称地抚触宝宝身体的两侧。按摩完宝宝身体的正面后，让他翻个身，再按摩背部，顺序还是从头部开始。

按摩开始时，动作要特别轻柔，等宝宝喜欢这种感觉时再逐渐加大力度。

妈妈用微笑和亲吻吸引宝宝的兴趣，边按摩边和宝宝轻轻说话或给他唱歌，让宝宝充分享受这一过程。

按摩时，尽量让你的脸贴近宝宝，深情地注视着他的眼睛，和他进行充分的目光接触，并用低缓、温柔的声音和宝宝说话、轻轻地唱歌或者向他微笑。同时，还可以播放一些宝宝喜欢的音乐或模拟心跳的录音。

“蜡烛包”或压沙袋对宝宝发育不利

在传统的育儿习俗中，有两种类似的做法，一种是将宝宝像蜡烛一样包起来，一种是在被子周围压上沙袋或枕头，认为这样宝宝睡得稳，不易受到惊吓。此外，还有一种说法是小时候如果不把宝宝双腿绑直，长大会成为八字腿或罗圈腿的说法。其实，这些做法都会影响宝宝运动功能的正常发育，不利于宝宝的发育。

胎儿在妈妈充满羊水的子宫内生活，自由自在地伸伸手、踢踢脚，不受任何约束。如果出生之后，反而把他裹在“蜡烛包”内或压上沙袋，四肢的活动受到限制，也就失去了自由。有研究证实，使用“蜡烛包”的宝宝，发育的各项指标，普遍低于未使用“蜡烛包”的宝宝，其理由如下：

一是宝宝四肢屈曲的姿势是神经系统发育不成熟的反映，不必人为地去矫正。随着年龄的长大，四肢会自然地伸直，更不会出现四肢的畸形。

二是“蜡烛包”或压上沙袋不仅限制了四肢的活动，使肌肉的感受器得不到应有的刺激，影响大脑的发育，而且还会影响宝宝的呼吸动作，尤其在哭泣时肺的扩张受到限制，影响胸廓和肺的发育。

三是如果把宝宝包裹得太紧，容易造成髋关节脱位，因为如果硬把腿拉直，把双腿绑在一起，会导致大腿肌肉处于紧张状态，可能导致股骨头错位，不利于臼窝的发育，也容易引起脱位。

四是“蜡烛包”或压上沙袋，束缚了宝宝的身体，尤其是手和脚，使宝宝在寒冷季节因活动减少、产热减少而导致出现寒冷损伤；另外，如果“蜡烛包”过紧过厚，在环境温度偏高时，又可因散热不良而致体温过高，甚至导致宝宝突然死亡。

第3周

日常护理指导

为宝宝选择合适的衣服

适合新生宝宝穿的衣服，必须具备以下四个要求。

宽松舒适　刚刚出生的小宝宝皮肤娇嫩，容易出汗，内衣应选用柔软、吸水及透气性比较好的棉制品。衣裤的质地以浅色纯棉布或纯棉针织品为好。贴身衣服不应有“缝头”，以免摩擦宝宝娇嫩的皮肤。裤子的式样为开裆系带或开裆背带，不要用松紧带，因为松紧带过紧，会影响宝宝胸部的生长发育。

容易穿脱　为使宝宝的衣服容易穿脱，式样最好是和尚领、斜襟，可以在一边打结，并且胸围可以随着宝宝长大而随意放松。此外，由于宝宝的脖颈短，容易溢奶，这种上衣便于围放小毛巾或围嘴。系扣的地方选用粘带要比纽扣好。

安全　为了保证宝宝的安全，衣服应选择装饰少、袖子宽松的样式。同时，应避免有金属纽扣或拉链，以免划伤宝宝。刚做好的或从商店买回来的婴儿衣服，特别是内衣，一定要先用清水清洗，然后用开水烫后在日光下晒干。放在干燥的地方，不要放樟脑丸，以防引起宝宝皮肤过敏。如果是穿其他健康宝宝穿过的小衣服，也应该注意在穿前要用水煮沸消毒、晒干。

容易洗涤　最好选择那些易洗、易干，可机洗、不易褪色的衣服。

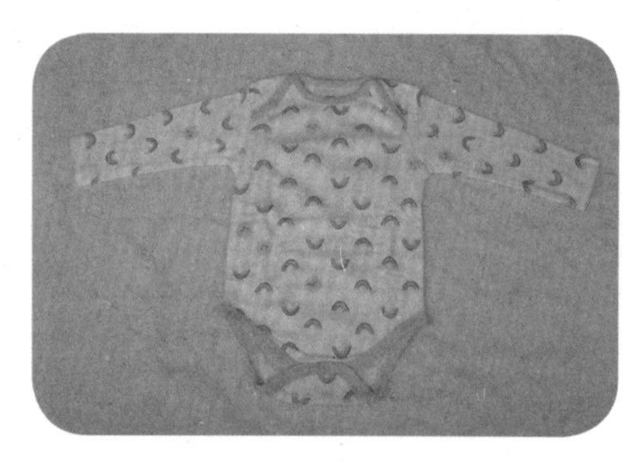

给宝宝穿衣的方法

新生儿身体很软，头较大而且直不起来，再加上胖胖的手臂和始终弯曲的腿，这些都给为其穿衣服带来很大困难。所以，为宝宝穿衣服时应该注意以下事项：

必要时才更衣　如果宝宝经常吐奶，可以给他套上一个大围嘴，或是用湿毛巾在脏部位做局部清理，没有必要每次全身上下都换一套。在把衣服套到宝宝的头上之前，妈妈要先用手撑开领口，以避免衣领弄痛宝宝的耳朵和鼻子。同时，为了避免衣服套头时宝宝因被遮住视线而恐惧，可以和他说说话，以分散他的注意力。

为宝宝穿衣服时，最好选择一个平坦舒服的地方，事先准备好玩具或播放轻快的音乐。同时，要努力把为宝宝穿衣的时间变成亲子谈话或游戏的时间。

穿连体衣的时候，要先将连体衣所有的扣子都解开、放平，然后将宝宝放在衣服上，脖子对准衣领的位置。先穿腿，在尿布下面的位置将扣子扣好，这样宝宝的腿就伸不出来，然后再将胳膊伸进去，妈妈先将袖子挽起来，用一只手把袖口撑开，将宝宝的胳膊拉进袖里，将袖子挽好，再按同样方法穿另外一只胳膊。

营养饮食要点

保证母乳充足

注意饮食、休息，培养对哺乳的信心：妈妈要保持心情愉快，对母乳喂养充满信心，尤其要注意劳逸结合，保证足够的睡眠和休息，最好与宝宝同步休息，以减少干扰。其他家庭成员应照顾好妈妈，多安慰、鼓励妈妈，并主动分担家务，保证其休息。

此外，妈妈还要注意喂养技巧：哺乳时应两侧乳房交替哺乳，以免引起将来两侧乳房大小悬殊，影响美观。每次喂奶都应给宝宝足够的时间吸吮，大致为每侧10分钟，这样才能让宝宝吃到后奶。后奶脂肪含量多，热量是前奶的2倍。如果母婴一方因患病或其他原因不能哺乳时，一定要将乳房内的乳汁挤出、排空。每天排空的次数为6～8次或更多。

给宝宝拍嗝

妈妈应尽量利用喂奶过程中的自然停顿时间来给宝宝拍嗝，比如宝宝放开奶嘴或换吸另一只乳房时。喂奶结束后，也要再次给宝宝拍嗝。

轻拍或抚摸宝宝的背部是帮助他排出吞入气体的最好方式。由于宝宝吐出空气时，可能会同时吐出一点儿喝下去的奶，所以，要准备一块布或毛巾。

以下是给宝宝拍嗝的三种最常用的姿势，你不妨都试一试，对大多数宝宝来说，其中某种姿势肯定会比其他姿势更有效。

肩头拍嗝　把宝宝放在你的肩头，用同一侧的胳膊托住宝宝的屁股。这时候宝宝的身体是竖直并伸展开的，所以，这通常会是给宝宝拍嗝最容易的姿势。用你的另一只手轻拍或抚摸宝宝的背部；

坐直拍嗝　让宝宝坐在你的大腿上，身体前倾，用手托住他的下巴，扶着他的肩膀，用另一只手轻拍或抚摸宝宝的背部。

趴式拍嗝　把宝宝的脸朝下放在你的大腿上，用一只手抓牢他，另一只手轻拍或抚摸宝宝的背部。

体能智能锻炼

睡眠姿势

宝宝每天大部分时间都在睡眠，但他们还不能自己控制和调整睡眠姿势，因此需要妈妈帮助宝宝选择一个好的睡眠姿势。一般来讲，睡眠姿势可分为三种，即仰卧、俯卧和侧卧。三种姿势各有利弊。

仰卧的睡觉姿势常被大多数父母接受和喜欢，因为这种睡姿宝宝可以自由转动，呼吸也比较顺畅。但仰卧有两个缺点，一是头颅容易变形，几个月后宝宝的头枕后部可能会睡得扁扁的，这与长期仰卧睡有一定的关系。二是当宝宝吐奶时容易呛到气管内。

俯卧睡是国外，特别是欧美国家的父母常常采取的姿势，他们认

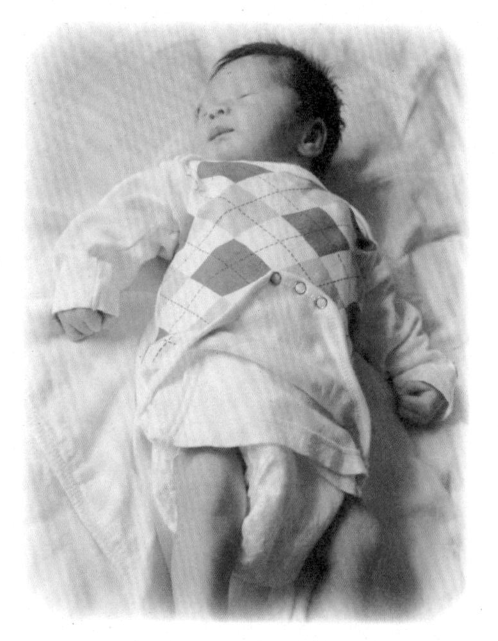

为俯卧时宝宝肺部得到锻炼，肺功能比仰卧时要好。另外宝宝吐奶时不会呛到气管内，头颅也不会睡得变扁平。这种睡姿的缺点是，因为宝宝还不能自己抬头，俯卧睡时容易把鼻口堵住，影响呼吸，甚至会引起窒息。

我们提倡侧卧姿势与仰卧姿势相结合，最好经常变换睡眠姿势，可避免头颅变形。为提高宝宝颈部的力量，训练宝宝抬头，每天可以让宝宝俯卧睡一会儿，但时间不要太长，注意不要堵住鼻口。几个月后，宝宝自己会翻身了，睡姿就再也不成问题了。以后不论你将宝宝放入婴儿床时是什么姿势，宝宝都会找到自己最习惯、最舒适的姿势。

适合新生儿的玩具

玩具并不是宝宝长大后才拥有的专利，刚出生的宝宝也同样需要玩具。因为宝宝一生下来，就具有很好的视觉、听觉、触觉和模仿能力。出生几天的宝宝就能注视或跟踪移动物体或光点，并做出反应，还能和妈妈眼神对视。

新生儿喜欢看红颜色，喜欢看人的脸，而且喜欢注视图形复杂的区域，如曲线或同心圆式的图案等。新生儿不仅能听到声音，而且对声音频率很敏感，喜欢听舒缓优美的音乐，并以特有的动作和表情表示愉快的情绪。父母应根据宝宝的这些特点为其准备合适的玩具。

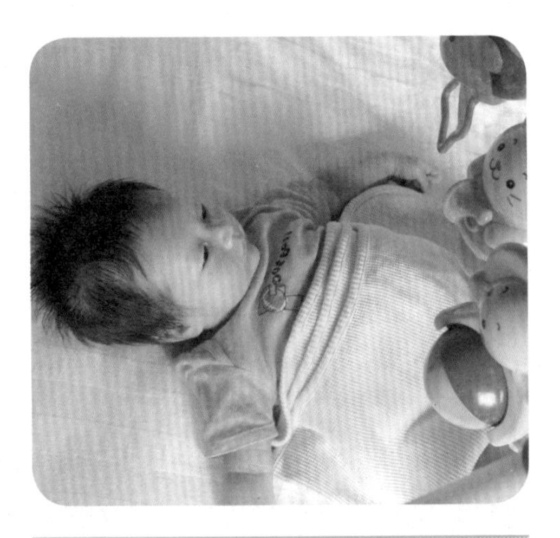

健康专家提醒

宝宝嗓子发出响声无须惊慌

宝宝呼吸时嗓子发出响声主要是因为刚出生的宝宝喉头很软，每当呼吸时，喉头就会出现局部变形现象，使气管变得较为狭窄，这样自然就会发出响声。随着宝宝渐渐长大，柔软的喉头慢慢变得坚硬，也就不会发出响声了。所以不需要治疗。

宝宝有听力障碍应及早治疗

新生儿一般对于较大的声响都会做出相应的反应，如果担心宝宝听力有问题，可以先做个小试验。具体做法是：在宝宝身后击掌，看他（她）有没有惊吓反应。正常情况下，宝宝也许会本能地隔绝某些声音，如果没有反应，可以重新测试一遍。如果仍然没有反应，而且平时话语安抚他（她）或对音乐也无回应时，应立即去医院检查。

对于某些宝宝来讲，以下原因会使出现听力障碍的概率较大：家族病史曾出现过不明原因或遗传性耳聋的；耳朵有明显缺陷以及有智障、眼盲或脑瘫的；出生体重在2 500克以下的；在分娩时或一出生就患有严重并发症的；在母体中曾接触毒品或是会影响听力的药物感染的。

第4周

日常护理指导

学会分辨宝宝的哭声

啼哭是宝宝的一种正常生理现象，也是一种本能。因此，父母不要过于担心宝宝哭的时间长，也不要一听到哭声就将宝宝抱起来哄。宝宝哭时父母要注意观察，辨明宝宝啼哭的原因。

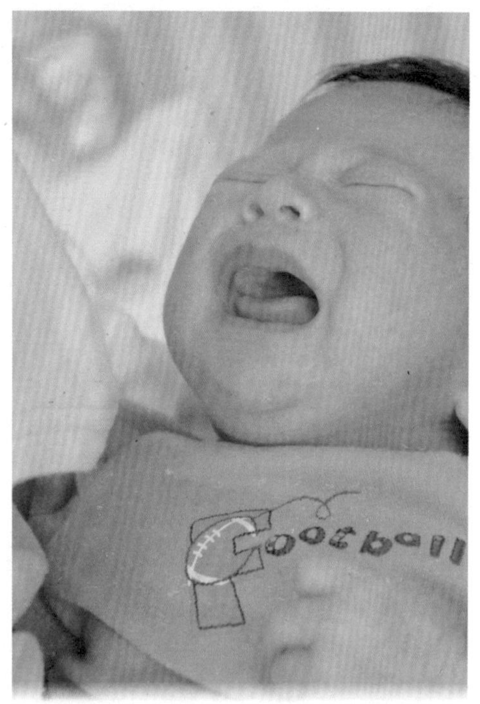

通常，如果宝宝哭一阵停一小阵，大多是由于饥饿、犯困、大小便、过冷、过热或蚊虫叮咬等原因引起的，一旦排除了这些引起不适的因素，宝宝就会停止啼哭。如果宝宝是由于疾病而引起的哭闹，哭声会明显不同，表现为尖声哭、嘶哑地哭或低声无力地哭，同时可能伴有脸色苍白、神情惊恐等反常现象，甚至即使将宝宝抱起来也不能使哭声停止，此时应立即去医院检查。

有的宝宝只是在睡前哭一会儿就进入睡眠状态，或在刚醒来时哭一会儿就进入安静的觉醒状态，这些都属于正常现象。

营养饮食要点

鲜牛奶不适合新生儿

刚出生的宝宝不适合饮用鲜牛奶。虽然鲜牛奶含有丰富的钙，是很好的乳品，而且鲜牛奶中还含有充足的蛋白质，比母乳高出约3倍。但鲜牛奶中的蛋白质有80%是酪蛋白，酪蛋白在胃中遇到酸性胃液后，很容易结成较大的乳凝块。鲜牛奶中钙磷比例低，影响钙的吸收。此外，鲜牛奶中乳糖含量低。

新生儿消化吸收功能原本比较弱，因此很难消化鲜牛奶，容易溢乳。因此，鲜牛奶不是新生儿的首选。

新生儿需要摄入营养素的程度

新生儿对相关营养素的需要必不可少，其摄入程度分别如下：

热量　新生儿出生后第一周，每日每千克体重需250～340千焦热量；第二周，每日每千克体重需340～420千焦热量；第三周及以上，每日每千克体重需要420～500千焦热量。

蛋白质　足月儿每日每千克体重需2～3克蛋白质。

氨基酸　人体不能合成或合成远不能供其需求的9种必需的氨基酸是：

赖氨酸、组氨酸、亮氨酸、异亮氨酸、缬氨酸、蛋氨酸、苯丙氨酸、苏氨酸、色氨酸。新生儿每天必须充足地摄入这9种氨基酸，其摄入程度要根据宝宝的实际情况决定。

脂肪　每天总需要量占总热量的45%～50%。母乳中未饱和脂肪酸占51%，其中的75%可被吸收。亚麻脂酸和花生四烯酸是必需脂肪酸，亚麻脂酸缺乏时会出现皮疹和生长迟缓的现象，花生四烯酸则合成前列腺素。

糖　足月儿每天需糖（碳水化合物）12克／千克体重。母乳中的糖全为乳糖。

矿物质、宏量元素及微量元素　钠、钾、氯、钙、磷、镁、锌等都可以通过母乳获取，早产儿需要及时补铁。

维生素　新生儿是否缺乏维生素，要根据产妇在孕期的身体状况进行判断。一般健康孕妈妈分娩的新生儿，很少缺乏维生素，因此不需要额外补充。如果孕妈妈妊娠期维生素摄入严重不足、胎盘功能低下或发生早产，新生儿就可能缺乏维生素D、维生素C、维生素E和叶酸，所以，要根据新生儿维生素的缺乏程度，及时给予补充。

体能智能锻炼

训练新生儿抬头

宝宝只有抬起头，视野才能开阔，智力才可以得到更大发展。由于新生儿的颈部和背部肌肉十分无力，无法自己抬头。即使宝宝满月的时候，最多能够做到的，也只是趴着的时候头可以抬起大约2.5厘米的高度，而且支撑的时间也很短，仅仅几秒钟。所以还需要父母来帮助训练宝宝抬头。

一种方法是当宝宝吃完奶后，妈妈可以让他把头靠在自己肩上，然后轻轻移开手，让宝宝自己竖直片刻，每天可做四五次，这种训练在宝宝空腹时也可以做。另一种方法是，在宝宝空腹时，让宝宝自然俯卧在妈妈的腹部，将宝宝的头扶至正中，两手放在头两侧，逗引他抬头片刻。也可以让宝宝空腹趴在床上，用小铃铛、拨浪鼓或呼宝宝乳名引他

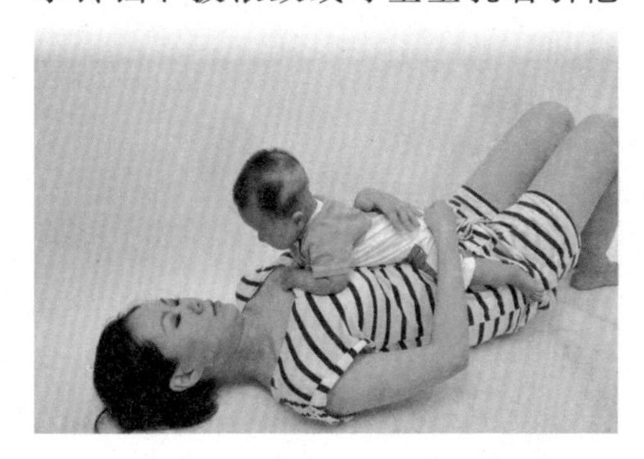

抬头。

平时，可以在室内墙上挂一些彩画或色彩鲜艳的玩具，当宝宝醒来时，把宝宝竖起来抱抱，让宝宝看看墙上的画及玩具，这种方法也可以锻炼宝宝头颈部的肌肉，对抬头的训练也有积极作用。

宝宝做完锻炼后，应轻轻抚摸宝宝背部，既是放松肌肉，又是爱的奖励。如果宝宝练得累了，就应让他仰卧在床上休息片刻。

训练新生儿做伸展运动

在为宝宝洗澡或换尿布的时候，父母可以帮助宝宝伸展一下身体。帮他伸展身体时，只需将关节稍为弯曲，宝宝就会反射性地伸开他的关节。除了关节外，轻触宝宝的膝盖内侧、手等，宝宝也会反射性地伸展身体。

健康专家提醒

预防皮疹

新生儿皮疹是很普通的现象，通常都会不治自愈。3～6周的宝宝经常会长皮疹，基本上都会在几天或者几周内慢慢消失或者自己好转。

一般出油区会长出很多皮疹，如鼻子周围、嘴部或者头皮附近。主要症状为：黑头皮疹（丘疹中间是深色）和白头皮疹（丘疹中间是白色）。

在处理宝宝的患处皮肤时，父母需要用软的湿毛巾轻柔地清洗，然后蘸干患处水分，保持干燥。堵塞住毛孔的皮疹会自己破掉，一般不需要做任何处理就能自己愈合。

但如果宝宝的疹子看起来很干燥，发红或者有点发炎，或者渗出液体，那么可能已经感染，就需要马上去看医生。

新生儿口腔保健是人生保健的第一步

这个时期的宝宝口腔一般不需要特别清洗，因为这时口腔内尚无牙齿，口水的流动性大，可以起到清洁口腔的作用。另外，在每次给宝宝喂奶后再喂点温开水，可将口腔内残存的奶液冲洗掉。如果确实需要清洗时，可以用棉签蘸水轻轻涂抹口腔黏膜，注意千万不要擦破。所以，从新生儿期开始父母就要关注宝宝的口腔与牙齿的保健，为宝宝的健康管理打好基础。

第二章

5～8周　吃完就睡的“小懒猫”

第5周

日常护理指导

庆祝满月的注意事项

自古以来，中国人就有为宝宝办满月或办“百岁”（也称“百日”）的风俗。办满月不外乎摆办酒宴、招待亲朋，所送礼品与办生日聚会的礼品相似，有些地方风俗还会在办满月时演些戏曲节目，以便增加喜庆气氛。但是，这些应该都以不影响妈妈和宝宝休息为前提。此外，给宝宝庆祝满月是一件让人高兴的事情，但是要避免铺张浪费。

纠正宝宝日夜颠倒的方法

在新生儿护理中，常常遇到宝宝白天猛睡、夜里精神的现象，如何纠正这种现象呢?

新生儿出现这种现象是情有可原的，因为宝宝在妈妈肚子里过了那么久不分昼夜的生活，出生后总得需要些时间来转变昼夜颠倒的现象，对此，父母要有耐心，其实只要再过几个星期宝宝就不会如此了。如果你想缩短这个适应过程，不妨试一试以下方法：首先应该让宝宝将日夜区分清楚。具体方法是：白天把宝宝放在婴儿车里睡，带宝宝出门走走。如果在房里睡的话，不必刻意调暗室内光线或降低音量。当宝宝醒来时，逗一逗宝宝，让宝宝兴奋起来；到了夜晚，反其道而行之。其次，可以尝试限制宝宝白天的睡觉时间，一次不要超过三四个小时。如果不容易弄醒宝宝，可以帮宝宝脱掉衣服，抚弄宝宝的脸，或是搔宝宝的脚。等宝宝稍微清醒时，可用说话唱歌或把玩具拿到他的视野范围内的方法进一步刺激宝宝的反应。但值得注意的是，千万不要有让宝宝白天不睡，夜里安安静静睡觉的想法。因为，即使小宝宝在白天睡得很久也是一件好事，这表示宝宝

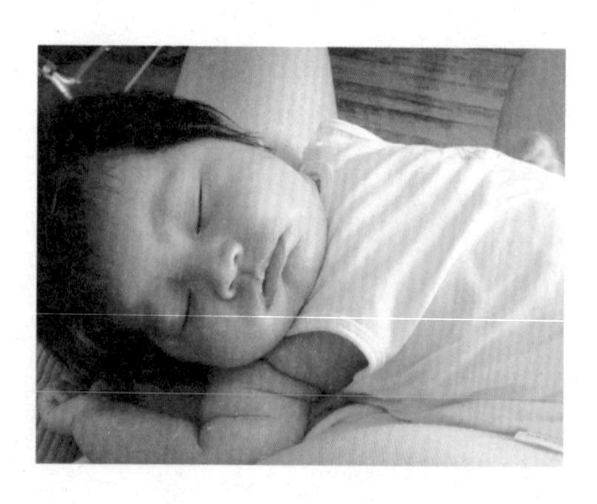

的睡眠状况良好，只要等宝宝的生理时钟正常之后，就可以改变日夜颠倒的毛病了。

营养饮食要点

喂养原则

这个月的宝宝每日所需的热量仍然是每千克体重420～460千焦，如果每日摄取的热量超过500千焦，就有可能造成肥胖。

母乳喂养的宝宝，每周要用体重计测量宝宝的体重，如果每周宝宝的体重增长都超过250克以上，就有可能是摄入热量过多；如果每周宝宝的体重增长低于100克，就有可能是摄入热量不足。

进入第二个月的宝宝，可以完全靠母乳摄取所需的营养，不需要添加辅助食品。如果母乳不足（一定不要轻易认为你的母乳不足，有时是因为休息和饭量不足，而引起暂时的奶量不足）可添加牛奶，不需要补充任何营养品。

人工喂养的宝宝满月后要添加其他营养品

一过满月，妈妈就应该为人工喂养的宝宝开始添加其他营养品了。而对于母乳喂养的宝宝，在4个月以内用不着添加其他食物。

对正常足月、人工喂养的宝宝，要依牛奶品种而定。未强化维生素D的鲜奶，要在第15天始加鱼肝油，强化的则视季节适当加鱼肝油，满月后要喂鱼肝油和钙片，以补充维生素A和维生素D。

浓鱼肝油滴剂每次1～2滴，每天3次（鱼肝油为维生素AD复合制剂，每天需要维生素D400单位，维生素A 1 500单位）。

体能智能锻炼

手指锻炼

宝宝满月以后，醒着的时间多了，四肢的活动特别是手部的活动也明显多了起来。他有时会凝视

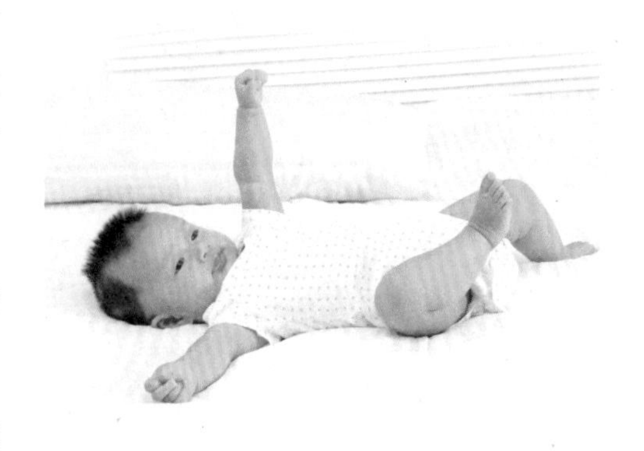

自己紧握着的手，当注意到其他东西时，又会把手指松开。宝宝的手指不但能自己展开、合拢，而且还能把手拿到胸前来玩或者吸吮手指。

宝宝的听力很敏锐

宝宝的听力很敏锐，尤其对父母的声音更敏感。这是因为当宝宝还在妈妈子宫里的时候，就熟悉了父母的声音，因此，宝宝会立即对父母快乐的声音作出反应，并表现出极度兴奋的样子：有时是舞动双手双脚，有时来回扭头，甚至眼睛追随着你，嘴巴还一张一合。

父母千万不要错过和宝宝交流的机会，宝宝一出生，就要开始和宝宝说话，为宝宝唱歌，不要担心他会听不懂。当你用抚慰的语气和宝宝讲话时，宝宝会变得很安静；如果你说话的声音很大，宝宝会很惊恐。当宝宝受到惊吓的时候，会伸展开他的手臂、五指和腿做拥抱状来保护自己，因此，千万不要大声对宝宝说话，要表情柔和、慢言细语，在与宝宝说话的时候，眼睛尽量看着宝宝，不但要用语言，更要用心与宝宝交流。

健康专家提醒

区别对待宝宝的脐疝

刚出生的宝宝脐带脱落后，由于腹压的作用，脐带残端可能会逐渐增大，腹腔中的液体、肠管或大网膜进入脐带残端，形成脐疝。民间称“气肚脐”。当宝宝哭闹、排便时，随着腹压增高，脐疝增大；当宝宝安静时，脐疝会减小，甚至看不见。

脐疝一般在宝宝4～6个月时自愈，无需治疗。但如果发现宝宝有特大脐疝，这就属于疾病了，需要立即看医生，并且可能需要手术治疗。

不要忽视宝宝“夜哭”

“夜哭”是指新生儿白天如常，每到夜晚则啼哭不眠，或午夜定时啼哭，甚至通宵达旦。宝宝有夜啼问题的时候，千万不要按照传统的方法行事，要分析原因，找出科学的解决办法。其实，在宝宝不会说话之前，哭就是他的语言，啼哭是表达自己需求与情感的一种方式。一般情况下，当宝宝啼哭时，几乎所有的妈妈都会认为宝宝饿了，然后把乳头或奶嘴塞到宝宝口中。面对宝宝的夜啼，这种方法有时虽然很管用，但并不是每次都能奏效。这是因为引起宝宝夜啼的原因是多样的，如果是生理因素造成的，就要及时求助于医生。

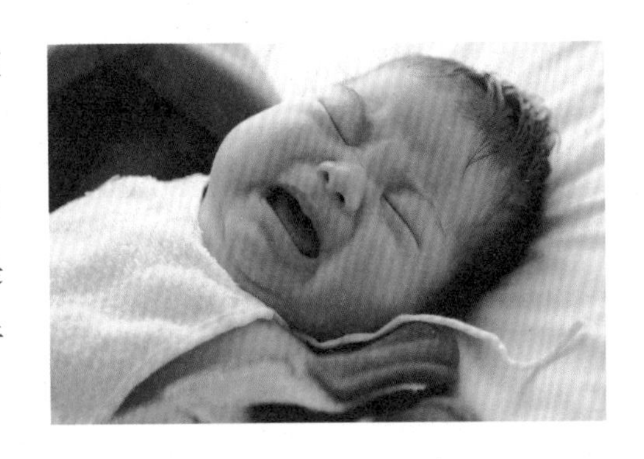

第6周

日常护理指导

不同季节的护理要点

春季的护理要点　春季护理重点是预防呼吸系统疾病。春季随着各种微生物的快速繁殖，各种病毒和细菌也趁机活动起来，刚刚满月的宝宝的抵抗力本来就弱，如果护理不当，很容易受病毒或细菌感染而生病。同时，春季也是一年四季中气候最变化无常的季节，所以宝宝很容易患上呼吸系统疾病。

夏季的护理要点　夏季护理重点是保持宝宝皮肤干爽。宝宝从第2个月开始进入体重快速增长阶段。在这个月，宝宝的皮下脂肪开始增多，耳后、下巴、颈部、腋窝、胳膊、肘窝、臀部、大腿根和大腿等处有许多褶皱。在炎热的夏季，这些地方很容易发生糜烂，所以父母要仔细护理。

秋季的护理要点　由于第2个月的宝宝对外界环境的适应能力和自身的调节能力都比较差，所以秋季护理的重点是，初秋不要过热，秋末要预防受凉。秋末是轮状病毒肠炎高发季节，父母绝不可掉以轻心。一旦发现宝宝腹泻，不要随便买止泻药给患儿服用，而应及时找儿科医生对症用药。如果腹泻严重，还要注意补充水液。

冬季的护理要点　宝宝的卧室冬季温度不宜过热。在冬季，除了采用不同的取暖方式之外，大多数的父母都把宝宝卧室的门窗关得严严的，使室内和室外的温度相差十几度，生怕冻着了宝宝。殊不知，这样做的效果往往适得其反。一方面，室内温度过高，致使湿度过小，不流通的空气过于干燥，使宝宝的气管黏膜相应干燥，导致宝宝呼吸道黏膜抵抗能力下降，过多的病毒或细菌就会乘虚而入。另一方面，由于室内温度高，宝宝周身的毛孔都处于开放状态，此时如果有人出入，室外的冷气会随之进入宝宝的卧室。由于宝宝的皮肤遇到冷气侵袭时，毛孔不会像成人那样迅速收缩，从而使宝宝容易受凉。因此，无论从哪方面看，宝宝的卧室温度都不要太高。

宝宝对环境的温度和湿度有严格要求

第二个月的宝宝对环境的要求仍然比较严格，其中最重要的就是温度和湿度。

首先，室内温度不能忽高忽低，夏季应保持在27℃左右；冬季应保持在21℃左右；春秋两季不需特别调整，只要保持自然温度就可以基本符合要求。春、夏、秋三季都可以较长时间地打开窗户，但应该避免对流风。冬季也可以短时间地开窗，但在开窗时应把宝宝抱到其他房间，通完风，等室温升上来以后再把宝宝抱回卧室。

其次，室内的湿度对宝宝的呼吸道健康非常重要，湿度保持在45%～55%是一个基本的要求。宝宝如果生活在南方地区，室内的湿度标准一般都可以达到。但对于北方地区来讲，室内想达到上述湿度标准要采取一定措施才行。如果湿度不够，宝宝的呼吸道黏膜就会因干燥而使防御功能下降，还会使呼吸道的纤毛功能受到损害，这样一来势必降低宝宝对细菌以及病毒的抵抗能力，引起呼吸道感染。

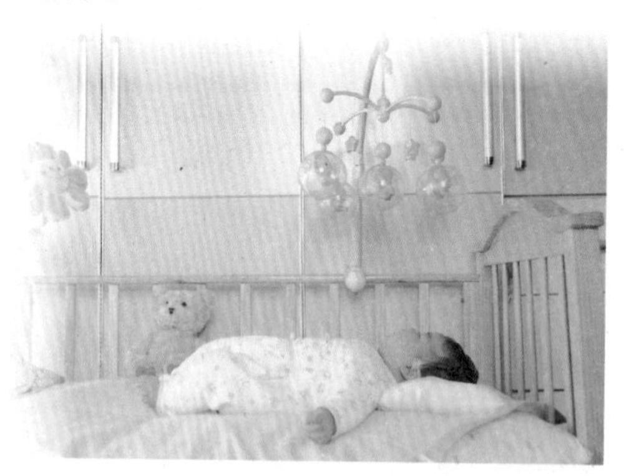

在所有儿科疾病中，发病率最高的是呼吸系统疾病，而温度和湿度是导致呼吸系统疾病发病的重要因素之一。因此，父母要树立预防第一的观念，马上行动起来，从保持宝宝生活环境的温度和湿度做起吧。

营养饮食要点

宝宝需要补充脂肪酸DHA和维生素A

良好的营养是大脑发育的物质基础。脂肪酸DHA和维生素A是大脑和视网膜的重要组成部分。饮食均衡的妈妈，母乳中含有丰富的DHA和维生素A，可以满足宝宝的发育需要。但是，如果母乳不足或母亲因故无法进行母乳喂养时，宝宝就得从其他途径来获得DHA和维生素A。可以选择含有这两种成分的奶粉，如果奶粉中没有或含量不充足，还可以加入DHA牛奶伴侣，以满足宝宝大脑发育的需要，否则会造成宝宝的大脑发育不良，削弱宝宝的记忆力。

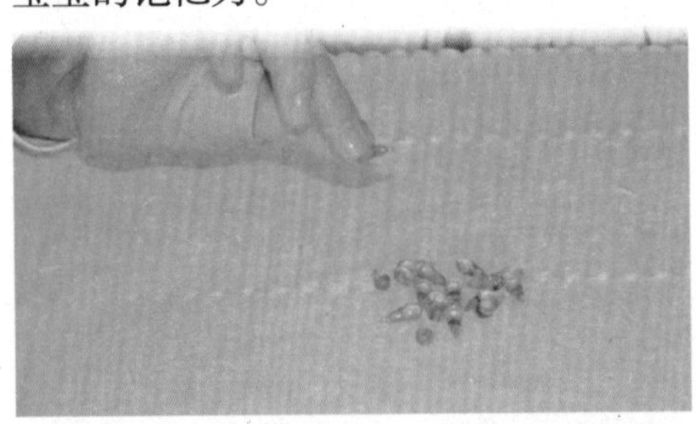

体能智能锻炼

经常与宝宝交谈，发展宝宝的语言能力

宝宝一出生，就表现出与外界交流的天赋，新生儿与妈妈对视就是彼此交流的开始。这种交流，对宝宝行为能力的健康发展具有重大而深远的意义。

新生儿虽然不会说话，但可以通过运动与妈妈进行交流。当妈妈和新生儿柔声说话时，宝宝会出现不同的面部表情和躯体动作，就像表演舞蹈一样。宝宝用躯体语言和父母交流，对其大脑和心理的发育有很大的帮助。

不要用襁褓限制宝宝运动

宝宝的运动能力始于胎儿时期。胎儿在妈妈肚子里的运动，是在传递着生命信息，我们常用胎动计数的方法，来分析胎儿在妈妈体内的生存状态。

宝宝出生以后，在新生儿期也表现出很复杂的运动能力，这主要是受到身体内生物钟的支配。过去人们习惯把新生儿，甚至两三个月的婴儿包在襁褓中，把宝宝的胳膊、腿和身体裹得紧紧的，认为这样宝宝的腿将来才不会罗圈，而且睡得才会踏实。这样做虽然宝宝会很安静，避免了宝宝的肢体抖动和身体颤动，却会极大地限制宝宝运动能力的正常发育。因此，把宝宝放在襁褓中的做法是不可取的。应该让宝宝有足够的活动空间，使宝宝的呼吸功能得到促进，情绪更加活跃，运动能力更快发展。

健康专家提醒

宝宝枕秃是因为缺钙吗

有的宝宝出现枕秃了，大多数的父母都认为是宝宝缺钙了，应该补钙。实际上，并不是所有的枕秃都是由缺钙引起的。枕秃的形成与宝宝的睡姿和枕头的材质有关。2个月的宝宝基本都是仰卧着睡觉，而且一天的大多数时间是在睡眠中度过的。如果给宝宝睡的枕头过硬，宝宝整天在枕头上磨来蹭去的，时间一长，就会把脑后的头发磨掉，形成枕秃。

因此，不要一发现宝宝有枕秃，就忙着给宝宝补钙。要先弄清楚是什么原因引起的，然后再对症处理。

宝宝肠绞痛是病吗

肠绞痛一般发生在接近满月的宝宝身上。典型的症状大约在宝宝3周的时候开始，高发期在第6周。肠绞痛通常的症状是：原本活泼的宝宝忽然变得经常尖声哭叫，而且很有规律，每次发作的时间基本相同，尤其是傍晚发作比较多，有时在深夜；一般一个星期有3次以上的啼哭，每次哭的时间持续在两三个小时，而且连续3个星期

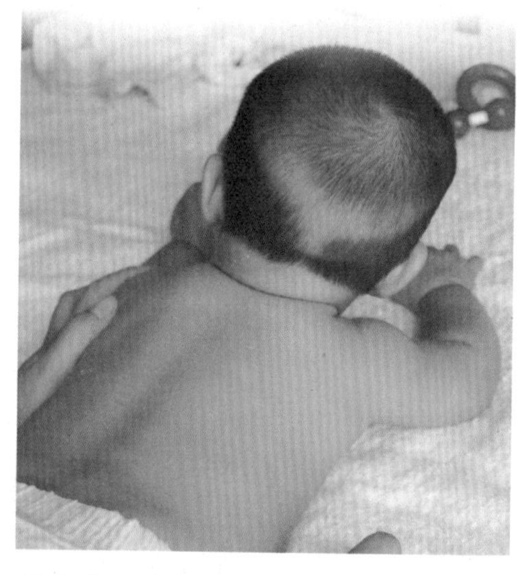

都会出现这样的情形；哭的时候无论怎样安抚都没有作用；有的宝宝还会出现腹部鼓胀、脸色涨红的症状。这样的哭闹一般不伴随有发热、呕吐、腹泻的症状，哭过一段时间后，宝宝又会若无其事，和平常一样了。

肠绞痛并不是一种病，它只是一种症状，随着宝宝的长大，生理发育逐渐健全，大约在3个月时，这样的情况就会慢慢减少。也有大约30%的宝宝要延续到5个月大时，这种情况才会消失。为减轻宝宝的肠绞痛，在宝宝哭闹的时候，尤其是有肠绞痛的症状

时，应该坐着，让宝宝趴在自己的手上或者腿上，轻轻压迫宝宝的腹部和背部；也可以为宝宝做按摩，用湿热毛巾或者暖水袋敷在宝宝的腹部，水不可太烫，暖水袋外边最好裹上一层毛巾。

第7周

日常护理指导

给宝宝洗澡的方法

给宝宝洗澡时，在澡盆里加入深5～8厘米的水就可以了。先加入凉水，然后再加入热水，用胳膊肘或手腕试试水温，觉得热而不烫就可以了。给宝宝洗澡时，可参考以下步骤：

第1步 先把宝宝的上衣脱掉，清洗脸和脖子；然后用毛巾把他裹好，夹在胳膊下；再托着宝宝的头悬在澡盆上面，用拇指和中指从宝宝耳朵的后面向前推压耳郭堵住耳朵眼，防止进水。用一块柔软干净的小毛巾蘸着水，先擦宝宝的脸，再洗头部。轻轻地撩水清洗宝宝的头发，随后用毛巾将头发擦干。最后用浴巾将宝宝的上半身先裹起来。

第2步 脱去宝宝的裤子，一只手牢牢托住宝宝的头和肩膀，另一只手托着屁股和腿，将宝宝放在水里；然后在水里用一只胳膊托着宝宝，腾出另一只手轻轻地清洗宝宝的身体，并鼓励宝宝踢水、拍水玩。

第3步 把宝宝从水里抱出来时，一只手托着头和肩膀，另一只手像以前那样托着宝宝的屁股；将其放在事先准备好的干毛巾上，并立即将他裹住以免受凉。

第4步 擦干宝宝身体，特别要注意脖子、屁股、大腿和腋下的褶皱，然后迅速给他穿好衣服就可以了。

给宝宝洗澡的注意事项

1.宝宝脐带未脱落前应上下身分开擦洗，不要把宝宝放入水中弄湿脐部。

2.洗脸不用肥皂，洗其他部位将肥皂抹在大人手上，然后用手抹宝宝。

3.动作要轻柔迅速，全过程应在5～10分钟完成。

营养饮食要点

哺乳时要尽量先排空一侧乳房

妈妈的乳房如果每次都能被宝宝吸空，就能促使乳房分泌更多的乳汁；如果宝宝一次只吃掉乳房内一半乳汁。下次乳房就会只分泌一半乳汁。经常这样，会使乳汁分泌越来越少，甚至全部消失。所以尽量让一侧乳房先被吸空，是最好的促使分泌充足乳汁的办法。

具体做法是，每次哺乳先让宝宝完全吸空一侧乳房，然后再吃另一侧；下次哺喂时让宝宝先吸未吃空一侧的乳房，这样可使每侧乳房被轮流吸空，从而保证乳汁分泌充分，并可使宝宝获得充足的母乳。

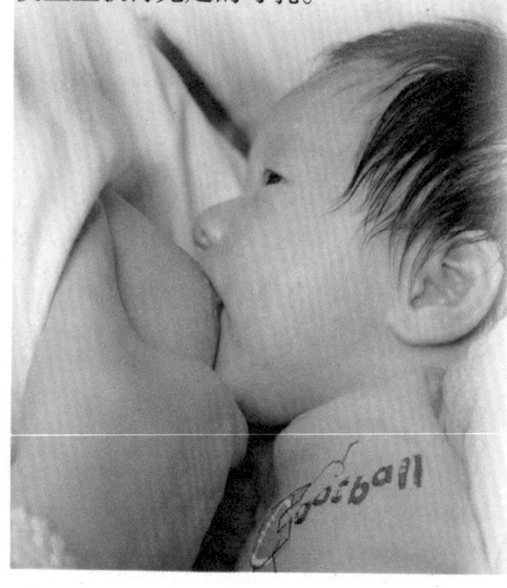

调整好夜间喂奶的时间

对于这个时期的宝宝来说，夜间大多还要吃奶，如果宝宝的体质很好，就可以设法引导宝宝断掉凌晨2点左右的那顿奶。因此，应将喂奶时间做一下调整，可以把晚上临睡前9～10点钟这顿奶顺延到晚上11～12点。宝宝吃过这顿奶后，一般会在4～5点以后才会醒来再吃奶。这样，父母基本上就可以安安稳稳地睡上4～5个钟头，不会因为给宝宝半夜喂奶而影响休息了。

刚开始这样做时，宝宝或许还不太习惯，到了吃奶时间就醒来。这时妈妈应改变过去一见宝宝动弹就急忙抱起喂奶的习惯。不妨先看看宝宝的表现，等宝宝闹上一段时间，看是否会重新入睡。如果宝宝大有吃不到奶不睡的势头，可喂些温开水，说不定能让宝宝重新睡去。如果宝宝不能接受，那就只得喂奶了，等过一阵子再试试。从营养角度看，白天奶水吃得很足的宝宝，夜间吃奶的需求并不大。

总之，在掌握宝宝吃奶规律的基础上，应适当调整夜间吃奶的时间，以保证妈妈的休息。妈妈休息好了，宝宝才会有充足的奶源。

体能智能锻炼

帮宝宝做婴儿体操

宝宝第2个月的成长旅程又过半了，父母可能会发现宝宝爱动了，那么针对1个半月到2个半月的宝宝，应增加一项以按摩为主的宝宝体操。由于刚过满月的宝宝每天大部分时间都是躺在床上，如果运动不足就会导致发育不良。为了防止出现这种情况，帮宝宝做婴儿体操是个比较好的办法。这种体操适合在第2个月的后期进行。

屈腿运动　两手分别握住宝宝的两个脚踝，使宝宝的两腿伸直，然后再使两腿同时屈曲，使膝关节尽量靠近腹部。连续重复3次。

俯卧运动　运动时，宝宝呈俯卧姿态，两手臂朝前，不要压在身下，妈妈站在宝宝前面，用玩具逗引宝宝使其自然抬头。为避免宝宝过分劳累，开始时每次只练半分钟，然后逐渐延长，每天做1次即可。

扩胸运动　首先让宝宝仰卧，妈妈握住宝宝的手腕，大拇指放在宝宝手心里，让宝宝握住，使宝宝的两臂左右分开，手心向上，然后两臂在胸前交叉，最后还原到开始姿势。连续做3次。

这些体操动作都利用了宝宝的各种条件反射。所以在宝宝做体操时，要顺应这些自然反射，不要强行进行，以免伤害宝宝的身体。如果没有出现相应的反射动作，父母就不要勉强给宝宝做体操了。

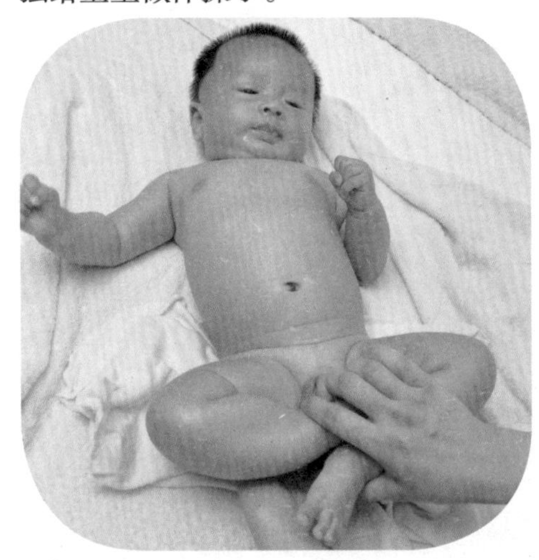

训练宝宝的视觉能力

现代科学研究表明，2个月的宝宝喜爱对比强烈的颜色，黑白色的几何图形或脸部画像是宝宝的最爱。

2个月以内的宝宝最佳注视距离是20～25厘米，太远或太近，虽然也可以看到，但不能看清楚。因此，在锻炼宝宝对静物的注视方法中，最有效的就是抱起宝宝，观看墙上的画片或桌子上的鲜花或果盘里的橘子、香蕉、苹果等。另外，妈妈对宝宝说话时，眼睛要注视着宝宝。这样，宝宝也会一直看着妈妈，这既是一种注视力的锻炼，也是母子之间情感的交流。由于宝宝喜欢明亮及对比强烈的色彩，所以要给宝宝看一些色彩鲜艳、构图简单的图片，比如小朋友、小动物和其他构图简单的玩具等。还可以在宝宝的小床上方挂一些悬挂物，一般距离宝宝30～40厘米即可，应挂在宝宝小床的两侧，而不是在头的垂直上方。

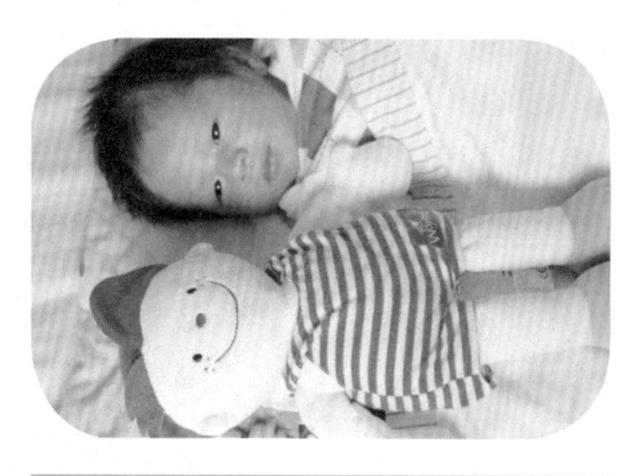

健康专家提醒

及时发现鹅口疮

鹅口疮表面是层白斑，外观很像凝固的牛奶，通常出现在宝宝的双颊内侧，有时也会出现在舌头、上腭、牙龈等部位。新生儿出现的概率最高，尤其是在服用抗生素后更容易出现。

鹅口疮是由于白色念珠菌感染所致的口腔黏膜症炎症，多由于奶具消毒不严格，乳母奶头不洁，或喂奶者手指污染所致，也可在宝宝出生时通过产道时感染。母亲在怀孕期间体内激素水平发生变化，或宝宝使用抗生素后，都可以使这种真菌大量繁殖，从而引起感染。这种感染伴有疼痛感，会影响宝宝进食。若不及时治疗，有可能引起并发症。如果发现宝宝患有鹅口疮，应及时到医院治疗。

宝宝小便次数减少

宝宝在新生儿期，小便次数较多，几乎十几分钟就尿一次，父母每天要更换几十块尿布。随着宝宝月龄的增加，进入第2个月的宝宝与新生儿期的宝宝相比，排尿次数逐渐减少了，这时候父母就很担心宝宝是不是缺水了。

要想判断宝宝是不是缺水，一是看季节，二是看宝宝的体征。如果是在夏季，天气热，宝宝可能会缺水分，相应的症状有：宝宝不但尿次减少，而且每次尿量也不多，嘴唇发干。这就证明缺水了，应该赶紧补水。

还有一个原因会使宝宝的小便次数减少，那就是，宝宝逐渐大了，膀胱发育得也比原来大了，储存的尿液也多了。原来垫两层尿布就可以，现在垫三层也会湿透，甚至能把褥子都尿湿。因此，这种原因引起的宝宝小便次数减少，并不是缺水了，而是宝宝长大了，父母应该高兴才是。

第8周

日常护理指导

不宜给宝宝戴手套

第2个月的宝宝，常常会用手抓脸，如果宝宝指甲长，就会把自己的脸抓破，即使不抓破，也会抓出一道道红印。为防止这种现象的发生，有些妈妈会给宝宝戴上束口的小手套。这样做，虽然宝宝的脸不会被抓破，但随之也会带来更大的弊端，而且还存在着安全隐患。如果手套口束得过紧，会影响宝宝手部的血液循环；如果手套内有线头，可能会缠在宝宝的手指上，使手指出现缺血。宝宝没有表述能力，如果父母没有及时发现，极易使宝宝手指出现坏死，而造成终身的遗憾。

再者，宝宝正处在生长发育期，戴上手套，手指活动受到限制，会给宝宝的成长带来一定的影响。有的父母虽然没有给宝宝戴上手套，但给宝宝穿袖子很长的衣服，这虽然避免了发生手指缺血的危险，但也同样会影响宝宝手的运动能力，也是不可取的。

给宝宝剪指（趾）甲的方法

随着活动能力加强，宝宝开始喜欢蹬腿，如果脚趾甲过长，蹬腿时常与被褥摩擦，容易撕裂脚趾甲。因此，需要经常给宝宝剪指（趾）甲。

宝宝的指（趾）甲长得特别快，每周应剪1次。宝宝的指（趾）甲细小薄嫩，应使用钝头的、前部呈弧形的小剪刀或指甲剪。修剪指（趾）甲的时间最好选择在喂奶过程中或是等宝宝熟睡时。

剪指（趾）甲时一定要小心谨慎，要抓住宝宝的小手，避免因宝宝乱动而使宝宝被剪刀弄伤。也不要剪得太深，以防剪到指（趾）甲下的嫩肉而剪伤宝宝的手指（脚趾）。剪好后检查一下指（趾）甲边缘处有无方角或尖刺，若有应修剪成圆弧形。

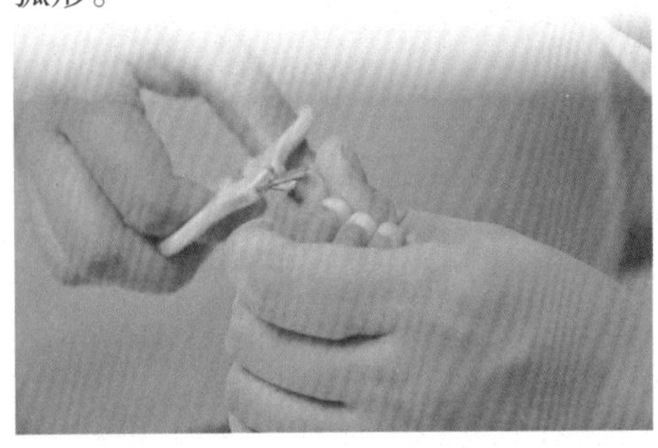

营养饮食要点

宝宝吃奶时间缩短

这个月的宝宝吸吮能力增强，吸吮速度加快，因此，吃奶的时间势必也要缩短。这是正常现象，可是有些妈妈却认为宝宝吃得快，是因为自己的奶少，不够宝宝吃了，其实这样的担心是多余的。这个月的宝宝比新生儿更加知道饥饱，吃不饱他是不会入睡的，即使一时睡着了，也会很快醒来要奶吃。如果一天吃不饱，大便就会减少；即使次数不少，大便量也会减少；如果量不减少，次数也不少，甚至还增加，大便性质就会改变，排绿色稀便。

母乳和牛奶不能混合喂养

当宝宝第2个月时，有的妈妈的奶水就不足了，这时，添加牛奶就成了唯一的选择。对于混合喂养，最重要的一点是，不可同时用母乳、牛奶混合喂养宝宝。否则会导致宝宝消化不良或腹泻，影响宝宝的生长发育。

正确的做法是：要喂母乳就全部喂母乳，即使这次宝宝没吃饱，也不要马上喂牛奶，而是应该等下次喂奶时再喂牛奶。如果宝宝上一顿母乳没有喂饱，那么，下一顿一定要喂牛奶；如果宝宝上一顿母乳吃得很饱，到下一顿喂奶时间了，妈妈感到乳房很胀，那么，这一顿就仍然喂母乳。

总而言之，应该以母乳为主，牛奶为辅。宝宝可以连续两顿吃母乳，中间加一顿牛奶；也可以连续三顿吃母乳，中间加一顿牛奶。

体能智能锻炼

训练宝宝的听觉

对于宝宝来说，听觉是智能里最基础的因素，当宝宝到了第2个月的时候，很快就会对更多的事情感兴趣，许多宝宝都会注意到脚步声、开门

声、水流声等。这些细微却生动的声音，可以锻炼宝宝的听觉。父母也可以制造一些适合宝宝听的声音。

方法1　妈妈可以用有声响的玩具在宝宝身旁摇动，父母在宝宝面前轻声唱歌，宝宝会随着声音追视发出响声的地方。

方法2　父母可以抓着宝宝的手，一起摇动会发出声响的玩具，也可以在宝宝手腕上系上一副摇铃。锻炼宝宝听觉的同时，还有助于激发宝宝探究声音的来源，帮宝宝认识周围的事物。

给宝宝听音乐

对婴儿听觉能力的研究表明，第2个月宝宝的听觉进一步增强，而且对音乐产生了浓厚的兴趣。如果每天在宝宝情绪好的时候，放一些轻音乐，可以增添宝宝的欢乐情绪，使宝宝的大脑活动增强，促进其智能的发育。

给宝宝听音乐时，不要以父母的音乐素养和爱好选择音乐类型，因为这个月的宝宝是很少挑剔音乐的。不过，用不了多久，宝宝听音乐的表情会很快让父母明白哪些是他的最爱。

由于宝宝还小，对不同分贝的声音辨别能力还很差，所以要随时注意宝宝对音乐的反应，不要给他播放很复杂或旋律变化较大的音乐，不要离宝宝太近，也不要太响，以免引起惊吓。如果某种音乐使宝宝显得烦躁甚至惊吓，就应立即把音乐关掉。

健康专家提醒

服用糖丸预防小儿麻痹症

宝宝满两个月的时候，应该服用第一丸小儿麻痹糖丸了。这种糖丸是用来预防小儿麻痹症的，若不服用这种糖丸，宝宝患小儿麻痹症的概率就很高。

小儿麻痹症在医学上称为“脊髓灰质炎”，是脊髓灰质炎病毒引起的。这种病毒经口进入胃肠，可侵犯脊髓，引起肢体瘫痪，导致终生残疾。

脊髓灰质炎疫苗即小儿麻痹糖丸，是由减毒的脊髓灰质炎病毒制成的。宝宝口服糖丸后，身体内就会形成抵抗脊髓灰质炎病毒的抗体，而免于此病的发生。因此每个宝宝都应在规定的时间内按时服用。

根据免疫预防接种程序，满2个月的婴儿开始第一次服用脊髓灰质炎三价混合疫苗，满3～4个月时分别服第二次和第三次，4岁时再服一次。这样就可以获得较强的抵抗脊髓灰质炎病毒的免疫力。

糖丸发放后要立即给宝宝服用，不要放置，以免失效。服用的方法是：将糖丸研碎，用凉水溶化（千万不要用热水溶，以免失去免疫作用），然后用小勺给宝宝喂下。

如果宝宝近期出现发热、腹泻，或患有先天免疫缺陷及其他严重疾病时均不能服用，以免引起不良反应或加重病情。

温水锻炼可以促进宝宝血液循环

对宝宝进行温水锻炼主要是利用水的温度和机械作用，刺激宝宝的皮肤，使宝宝体温调节功能反应加强，促进血液循环和机体对外界冷热变化的适应能力。而且宝宝在水里自如地活动，相当于做一项非常好的全身运动。

在一般情况下，宝宝的脐带脱落后就可以进行温水锻炼。可找一个比较大的浴盆，让宝宝安全浸泡在水里，水温要控制在37℃左右，注意要不断往盆中加热水，以保持水温的恒定。锻炼时妈妈可用左手托住宝宝的头部，右手轻轻抹擦宝宝的全身皮肤一直到轻度泛红，只有达到这种程度，才能达到促进全身血液循环和增强皮肤代谢的目的。等宝宝在水中锻炼10分钟左右之后（可随着宝宝的月龄适当增加时间），用略冷的水（33～35℃）迅速地冲淋宝宝的全身，然后用浴巾包裹，迅速将水擦干，穿好衣服。值得注意的是，在进行温水锻炼时，室温不能过低，最好在25℃左右，如室温较低，可在浴帐中进行。一般温水锻炼应每天1次，夏季可一日两次。

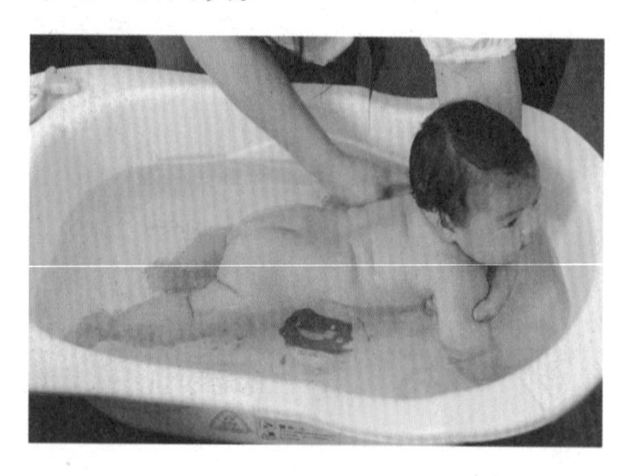

第三章

9～12周　快速成长期的宝宝

第9周

日常护理指导

帮助宝宝养成有规律的睡眠习惯

随着宝宝的一天天长大和睡眠时间的逐渐减少，帮宝宝养成有规律的睡眠习惯就显得十分重要。所谓有规律的睡眠习惯，就是按时睡、按时醒，睡时安稳、醒来情绪饱满，并可以愉快地进食和玩耍。这种有规律的睡眠习惯，不但有利于宝宝的体格发育，还有利于宝宝的神经系统和心理发育。

所谓规律也不是千篇一律的，每个宝宝都有不同的睡眠习惯，父母应该在护理中找出适合自己宝宝的规律，在验证这个规律确实对宝宝的健康发育有利之后，就要坚持实行，不能任着宝宝的小性子说变就变，宝宝经过一段时间的适应，良好的睡眠习惯就形成了。由于不同宝宝的个体差异较大，在白天，有的宝宝每天上午睡3小时，下午睡2小时，而一些爱活动的宝宝，每天上午或下午只睡1次。在夜里，有一夜醒两次的宝宝，也有只醒1次的宝宝，还有的宝宝睡得较沉，可能从头一天晚上9点一直睡到第二天早晨6点，甚至中途给他换尿布也不醒。

在培养宝宝有规律的睡眠习惯中，还有一条比较重要的内容，那就是培养宝宝养成上床睡觉的好习惯。有了这个好习惯之后，当他断奶以后仍可在床上安然入眠，而不再需要妈妈哄着入睡。

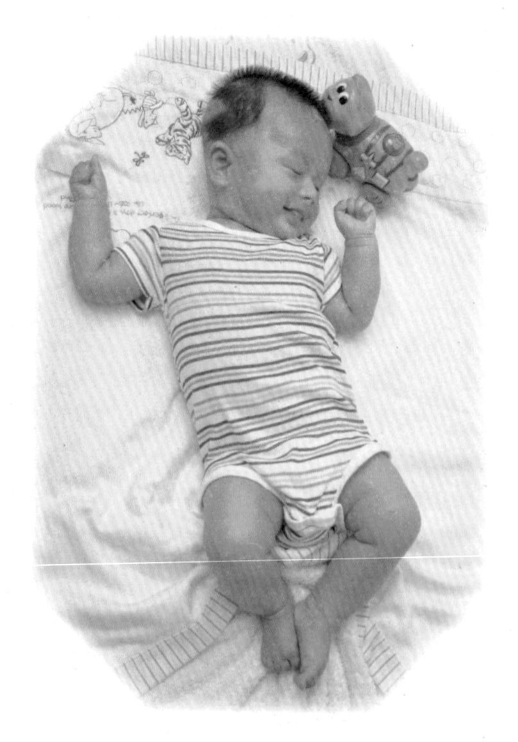

怎样做可以使宝宝睡得舒服

要使宝宝睡得舒服，每次睡前要喂饱，吃奶后要把手放在宝宝背上从下到上轻轻地拍，这样可让宝宝将吞下的空气嗝出来。大小便后要把小屁股洗干净，换上干净尿布。

宝宝偶尔哭一会儿，可以促进肺部的发育，妈妈不必用各种方法来哄。如果宝宝睡眠不好，哭闹不安，要仔细查找原因，是饿了、尿布湿了，还是身体有什么不舒服，要及时排除影响睡眠的因素。如果宝宝哭闹不止或有剧烈的尖叫，就应带宝宝到医院，请儿科医生检查治疗。

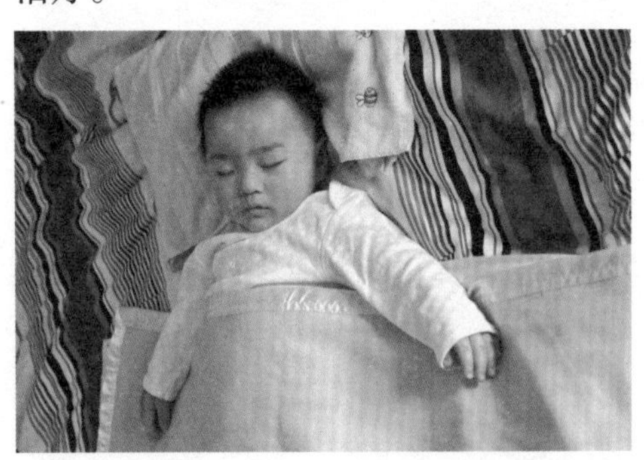

营养饮食要点

哺乳妈妈用药原则

许多药物可以通过乳汁排泄，乳母用药后，部分药物可出现于乳汁、血液中，其中有一些可能对乳儿造成不良影响。因此哺乳期妇女用药时必须考虑可能进入乳汁中的药物对乳儿的影响。

一般情况下，母乳中的药物含量很少超过母体用药剂量的1%～2%，其中有少部分被乳儿吸收，故通常不致对乳儿造成明显危害，除少数药物外可不必停止哺乳。然而为了尽可能减少和消除药物对乳儿可能造成的不良影响和潜在危险，对哺乳期应禁用、慎用的药物要有所了解。尤其应考虑药物对母婴双方面的影响及治疗需要，权衡利弊、合理应用，同时乳母应用的药物剂量较大或疗程较长时，还应检测乳儿的血药浓度，确保用药安全、有效。

牛奶喂养的宝宝要多喝水

用牛奶喂养的宝宝，每天应当另外加些水。这是由于牛奶中的矿物质含量多、水分不能满足宝宝的需要。水的需求量可以这样简单计算：即给宝宝喂1瓶鲜牛奶，应另外加水80毫升。如宝宝体重是6千克，那么，一天应另外加水240毫升，相当于1奶瓶水。

体能智能锻炼

锻炼宝宝颈部的支撑力

在宝宝长到第3个月的时候，父母每天应累计抱宝宝2小时左右。抱的姿势最好是竖抱。竖抱时，可用两只手分别托住宝宝的背部和小屁股，把宝宝竖抱起来，让宝宝看看室内室外的事物。被父母抱起来的宝宝因为要看周围的东西，就必须努力支起脑袋和脖子，同时上身也总想挺直，这就使宝宝背部、胸部和腹部的肌肉得到了锻炼。竖抱宝宝还可以引起宝宝对各种事物的关注和兴趣。

训练宝宝手的握力

第3个月时，对于一些发育较慢的宝宝，此时可能还不会自己张开手，但妈妈可以有意识地把宝宝的小手放到自己的脸上摩擦，或用嘴亲吻宝宝的小手，这时候往往是宝宝最高兴、最快乐的时候，宝宝往往会乐此不疲地反复做这个动作。有时妈妈也可以在宝宝的手

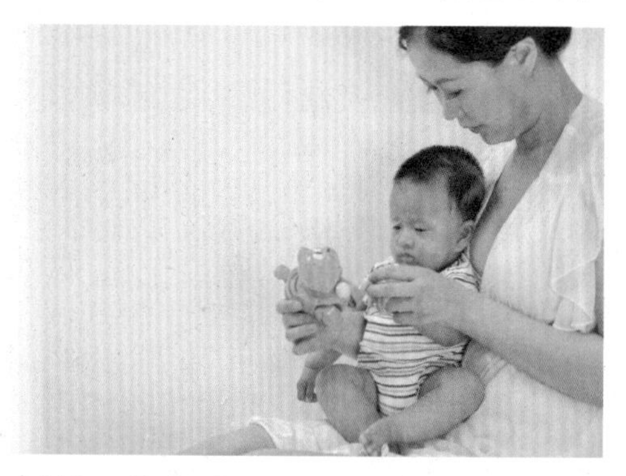

里放一些小玩具，让宝宝自己触摸或者妈妈拿着宝宝的手去触摸一些物体，宝宝都会为触摸到不同质地的物体而感到兴奋。经过这样的触觉刺激，宝宝很快就会自己张开手，并努力去抓身边的东西。这时，父母就可以进一步训练宝宝的握力了。

健康专家提醒

去除奶痂的方法

由于传统育儿经验中有“碰了

囟门就会使宝宝变哑”的说法，所以有些家长认为头垢有保护宝宝前囟门的作用，不愿意把它洗掉，使有些宝宝出生后不久头顶上会有一块黄色硬痂，又称为“奶痂”。奶痂是宝宝出生时头皮上的脂肪，加上以后头皮分泌的皮脂，再粘上灰尘而形成的，留着极不卫生，还会影响宝宝头皮的正常作用，所以应当洗掉。

在清洗奶痂时，由于奶痂很厚，并和头皮粘得很紧，如果硬剥硬洗很容易损伤头皮，引起细菌感染。这时可用煮熟冷却后的植物油轻轻擦在头垢上，使奶痂软化，再用肥皂和温水洗净，一次洗不干净，可重复洗几次。有的虽然洗得很干净，但以后又长出来，这种情况可能是宝宝患了脂溢性皮炎，应带宝宝到医院皮肤科请医生处理。

预防尿布疹

尿布疹即臀红，又叫尿布皮炎，是由于潮湿的尿布不及时更换，长期刺激宝宝柔嫩的皮肤所致。患尿布疹时局部皮肤发红，或出现一片片的小丘疹，甚至溃烂流水。

对付尿布疹关键在预防，勤换尿布是很重要的，尿布尿湿了一定要及时更换。有些家长怕影响宝宝的睡眠而不换尿布，其实宝宝睡在湿尿布上，不仅易发生皮炎，而且睡得也很不舒服，很不安稳。再说刺激宝宝皮肤的罪魁祸首就是尿液中所含的尿酸盐，长期刺激加上潮湿环境就不可避免地要发生尿布疹了。尿酸盐单用肥皂或水是洗不掉的，它可溶于开水，每次洗干净的尿布都应用开水烫或煮一下，这样尿布就变得柔软、干爽了。

有的家长怕弄湿床铺，就在尿布外包一层塑料或垫层橡皮布，这样做也不可取。如果有轻微的发红或皮疹，除了及时更换尿布外，要保持局部清洁干燥，每次大小便后应清洗臀部，用软布把水擦干，再涂以3%鞣酸软膏或烧开后保存待用的植物油，每天精心护理，宝宝不久就会痊愈。

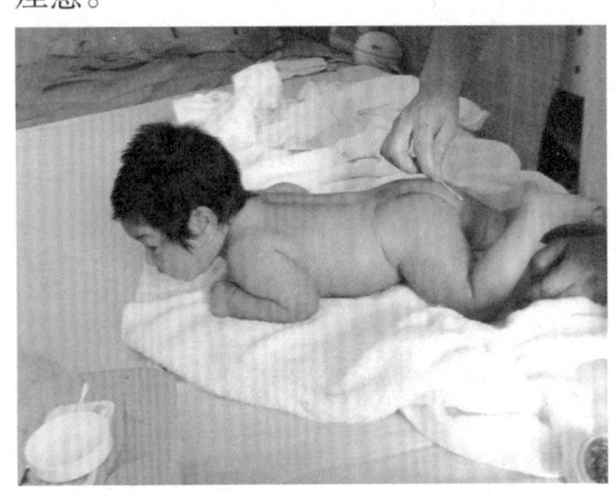

第10周

日常护理指导

适当给宝宝少穿一点

新生儿期的宝宝还没有形成应付外界环境的能力，保暖是非常重要的。但到了第3个月，宝宝饮食量渐渐增加了，运动量也逐渐增加，新陈代谢比新生儿期旺盛了许多，体内所产生的热量也多了起来。对于这个时期的宝宝来说，运动是生长发育必不可少的。此时，穿着不宜太厚，以利于宝宝运动，而且轻便的衣着活动起来不易出汗，运动停下来时也就不易着凉，也就减少了因着凉而造成的感冒、腹泻等疾病的概率。所以，从这个月起，就要养成给宝宝穿少、穿薄衣服的习惯。

由于衣服的布料不一样，不同的季节也有很大差别，但是，有一个大致的参考标准，那就是比妈妈少穿一件。同时，在宝宝的日常护理中，最重要的是根据具体情况及时给宝宝增减衣服。比如，当傍晚气温急剧下降，或阴天下雨时，就应换上一件比白天和平时稍厚的衣服。如果宝宝热得出了汗，就应该适当脱掉一些衣服。

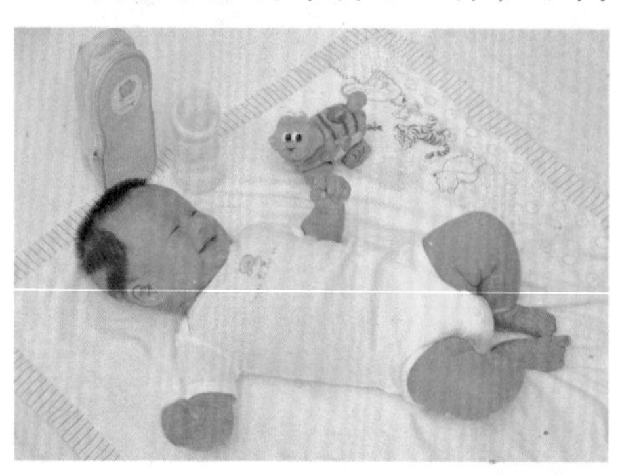

给宝宝理发需要技巧

给宝宝理发可不是一件容易的事，给3个月大的宝宝理发就越发不容易了。宝宝的颅骨较软，头皮柔嫩，理发时宝宝也不懂得配合，稍有不慎就可能弄伤宝宝的头皮。对于大人来说，理发弄伤头皮并不是什么严重的事，但对于宝宝来说可就不同了。由于宝宝对细菌或病毒感染的抵抗力低，头皮受伤之后，常会导致头皮发炎或形成毛囊炎，甚至影响头发的生长。

因此，宝宝最好在3个月以后再理发。但是，如果夏季宝宝的头发较长，为避免头上长痱子，可适当提前理发。理发最好在宝宝睡眠时进行，以免宝宝乱动。理发工具最好用婴儿专用的小推子，理发前应先将推子、梳子、剪子等理发工具用75%的酒精消毒。

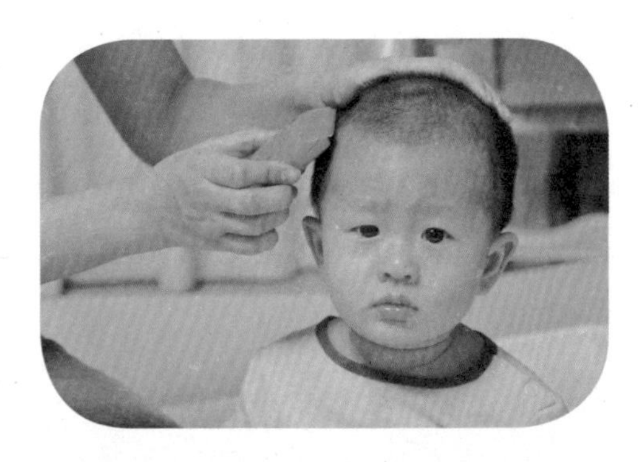

营养饮食要点

不适合哺乳的新妈妈

如果妈妈患病，哺乳势必会增加妈妈的负担，使疾病加重。有些药物可在乳汁中分泌出来，如果妈妈长期服用，可使宝宝发生药物中毒。患传染病的妈妈，还可能通过哺乳将疾病传染给宝宝，因此，妈妈有病或服药时都不应该哺乳。一般来说，妈妈患下列疾病或特殊状况时不宜喂奶。

急性病　如患有急性传染病、乳房感染和乳房手术未愈等病时，不宜给宝宝哺乳。但需每隔3～4小时挤奶1次，以免奶汁减少，以便疾病痊愈后继续给宝宝喂奶。

慢性病　如患活动性肺结核、迁延型和慢性肝炎、严重心脏病、肾脏病、严重贫血、恶性肿瘤、其他职业病和精神病等时，不宜给宝宝喂奶。

乳头皲裂　当乳头皲裂时，可以挤奶后用小匙哺喂。生奶疖时，有病的一侧不要给宝宝喂奶，但需按时挤出奶汁。

总之，妈妈患病或有特殊状况后是否继续哺乳，应当从宝宝的营养和安全以及妈妈的身体和心理上的负担两者结合起来慎重考虑，权衡利弊，做出合理的选择。

妈妈生病了还可以哺乳吗

妈妈患一般疾病，如乳头破裂、乳腺炎、感冒或肠胃不适等，原则上并不影响母乳喂养。此时母亲体内的抗体可以通过乳汁传给宝宝，也可提高宝宝抵抗疾病的能力。但要注意谨慎用药，应主动告诉医生自己正在哺乳，请医生帮助选择对宝宝无不良影响的药物。

妈妈患急慢性传染病、心脏病、肾脏疾病、糖尿病或慢性病需用药治疗时，或需使用抗生素等药物治疗期间，应暂停母乳喂养。

体能智能锻炼

让宝宝的手指动起来

宝宝到了3个月时，握持反射逐渐消失，两只小手可以自由地合拢和张开。会将双手放在一起，并互相玩弄；还会经常旁若无人地将自己的小手吮吸得津津有味，甚至将整个拳头伸进嘴里。有时宝宝又用小手来回蹭自己的头脸，或许是痒痒了。当宝宝看见一件玩具时，会高兴地伸出手去拿，当抓住玩具时，还会把玩具拿到眼前来看，对看得见的东西表现出很浓厚的兴趣。手拿得到的东西不管是什么，都想摸一摸、啃一啃。握物时，不再显得笨拙，而是大拇指和其他四指对握，抓得比较牢。

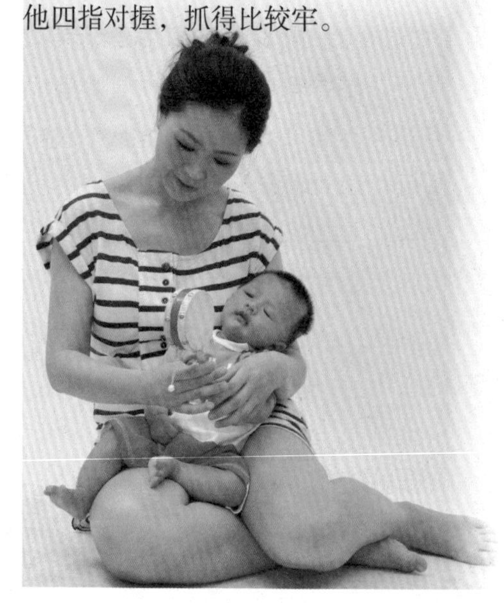

此时，妈妈可以为宝宝准备一些拨浪鼓、摇铃等适合宝宝抓握的玩具来帮助宝宝活动手指。

肌肉的力量也在增强，双臂的力量也在增强，慢慢就可以高高地将头抬起，逐渐达到与床面呈90度角的程度。

和宝宝做感官刺激游戏

在培养训练宝宝对感官刺激的反应时，可以做多种游戏，下面几种游戏可供参考。

给宝宝唱歌　给宝宝喂奶时，可以放些音乐，喂奶结束后，妈妈可以将宝宝抱起来，拍拍摇摇哼哼歌。平时，父母也应经常给宝宝念念儿歌或唱唱歌，这样做不仅在听觉上能给宝宝以良好的刺激，同时还能促进宝宝的认知能力。

给宝宝变戏法　可用两种特点鲜明、容易区分的玩具和宝宝做这个游戏。先藏起一个，再藏另一个，然后两个同时藏起来。每次藏玩具时，都应注意观察宝宝的反应和表现。这个游戏只要反复几次，宝宝就会做出寻找的反应。

和宝宝跳舞　平时，父母可以选择一些如华尔兹或民谣等轻柔、节奏舒缓的音乐，放录音也行，最好是自己哼唱，同时把宝宝抱在怀里，随着音乐节拍，轻轻地一边摇摆，一边迈着舞步，或是合着音乐的节拍轻柔地转身或旋转。和宝宝共舞，可以激发宝宝愉快的情绪，进而可以刺激宝宝的感觉器官和小脑发育，培养宝宝的动感和节奏感。

健康专家提醒

应对便秘的策略

3个月的宝宝，极易发生便秘。宝宝便秘的原因很多，最常见的是缺水。特别是非母乳喂养的宝宝，因为牛奶中钙和酪蛋白的含量较高，容易导致宝宝上火，如果水分补充不足，就会引起便秘。

所以，为了防止宝宝发生便秘，父母应注意多给宝宝喂些水，特别是在天气炎热的情况下，更要不时地给宝宝喂水。也可在牛奶中加些白糖（100毫升牛奶中可加5～8克），白糖可软化大便。还可以给宝宝适当喂些菜汤、果汁等。

如果宝宝便秘得较严重，粪便积聚时间过长，不能自行排出，父母可试着用小儿开塞露注入肛门，一般就能使宝宝顺利通便。但这种方法对宝宝有一定的刺激，而且容易让宝宝产生心理上的依赖，最好不要常用。便秘严重时要及时去医院诊治。

宝宝佝偻病的防治

进入第3个月之后，由于宝宝的生长发育很快，以致造成某些营养素缺乏的现象，如果宝宝缺了维生素D和钙就会得佝偻病，这也是第3个月宝宝比较容易患的常见病。出现这种情况的原因主要有两个。一方面，宝宝从母体里带来的钙，在近3个月的生长发育过程中已经差不多消耗完了。另一方面，母乳中虽然有钙，但已经满足不了宝宝的需求。特别是冬季出生的宝宝、早产儿、低体重儿（出生时体重低于2 500克）、人工喂养儿或经常患腹泻的宝宝更容易患佝

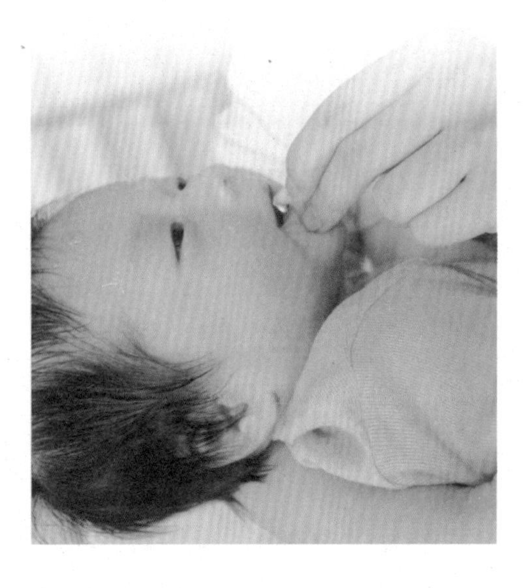

偻病。

佝偻病的早期表现主要是：宝宝好哭、睡眠不安、夜惊，即使屋内并不热，宝宝也会常常出汗。由于多汗刺激，宝宝的头经常在枕头上摇来擦去，造成枕后秃发（枕秃）。若不及时治疗，发展严重者就会出现骨骼及肌肉病变，重度佝偻病患儿还可出现全身肌肉松弛、记忆力和理解力差、说话迟等现象。

所以，父母要随时注意观察宝宝，如果发现宝宝有缺钙现象，要立即去医院咨询医生，补维生素D和钙，不要等到缺失严重了才补。为防止宝宝得佝偻病，父母最好能未雨绸缪，防患于未然。应在天气好的情况下，带宝宝到户外活动，呼吸新鲜空气，吸收一下紫外线，一般活动一个半小时为宜。也可以在医生指导下让宝宝服用鱼肝油，补充钙剂。

第11周

日常护理指导

宝宝居室的温度与湿度要求

宝宝3个月时，居室的温度宜保持在20～22℃，既不能过冷，也不能过热，而且湿度也应保持在50%左右。冬季出生的宝宝，特别要注意保暖。如果宝宝是在夏天出生，衣服不能穿得过多，包裹得不能太紧，房间要开窗开门通气，地上可洒些水。天气很热时宝宝不需穿衣服，睡眠时在腹部盖条毛巾即可。值得注意的是，避免电风扇或空调的风直接吹到宝宝身上，最好使用微风吊扇。空调温度不要调得太低，要注意开门窗换气。宝宝如果是在春秋季节出生，要注意开窗，但要防止冷风直接吹着宝宝。

带宝宝外出时的注意事项

从第3个月起就应适当增加到户外活动的时间，一方面可以使宝宝精神愉快，另一方面也可通过空气的刺激锻炼宝宝的皮肤，增强宝宝的抗病能力。

竖抱着宝宝外出时，应注意宝宝脖子的挺立程度，如果宝宝脖子能够挺立20～30分钟精神依然很好，那就可以经常竖着抱宝宝。外出的时间最好控制在30分钟之内。值得注意的是，第3个月的宝宝还不能乘坐座式手推车，即使是可以躺的箱式手推车也应注意宝宝的安全。最安全的办法是要时刻注意保护宝宝的颈部和头部。可以让宝宝躺在手推车里，妈妈在旁边干一些零活，但眼睛要不时地看着宝宝，且要不时地与他说话。不要抱着宝宝去商店买东西，也不要带宝宝去电影院等人多的地方，以免感染疾病。

营养饮食要点

宝宝吃不饱的应对策略

3个月后，妈妈乳汁分泌会明显减少，渐渐地满足不了已经长大的宝宝的需求。

母乳不足时，可先加1次牛奶试试。在妈妈觉得奶最不胀的时候（一般在下午4～6点），可给宝宝喂150毫升牛奶，试着连续喂5天。如果5天后宝宝体重增加仍不到100克，就需再加1次牛奶，但不要过量。如果每天喂6次牛奶，每次牛奶的量不应超过150毫升，日平均体重增长不应超过40克。如果每天加喂2～3次牛奶，宝宝日平均体重增加30克左右，就可以一直坚持下去。总之，随着宝宝需奶量的增加，加喂牛奶的次数也该相应增加，但要注意观察称宝宝的体重，看一看宝宝身体的表现。

体能智能锻炼

蹬球游戏

将一个直径30厘米的大球放在床尾让宝宝双脚自由蹬踢。有些大球内有铃铛，宝宝踢动大球时能弄响里面的铃铛，使宝宝更乐意用下肢把大球推来推去，让铃铛发出声音。蹬球既能使宝宝高兴，又能锻炼宝宝身体，使其下肢更加灵活。

游戏完毕后，一定要将玩具收走，这样可以让宝宝睡眠的地方宽敞，也可以防止宝宝自己玩的时候出现意外。

看图游戏

把“一图一物”的大幅彩图挂在房间四壁，图的内容不同，有人物的最好是小孩，或好看又好吃的水果、大个的动物、漂亮的汽车或颜色鲜艳的花等。父母每天抱着宝宝去看并给他说图的名称，可以编一些顺口溜去形容某一幅图。坚持一段时间后，有一天，宝宝可能会对其中某一幅图画特别感兴趣，每次到图画跟前，宝宝会笑出声音，手舞足蹈。

每个宝宝喜欢的图都会有所不同，如果头几次宝宝没有强烈的看图兴趣，可以换掉其中一些，或者在图画上加上一点小装饰物，如在人物头上加一个蝴蝶、在苹果上加片叶子、在动物身上挂个铃铛等。有了一点改变，就会使宝宝重新加以注意，然后注视他最喜欢的彩图。这个游戏可使宝宝有明确的视觉分辨能力，并选择自己喜欢的彩图。

健康专家提醒

宝宝大便稀溏怎么办

有些宝宝的大便可能会夹杂着奶瓣或发绿、发稀，这不要紧。只要吃得好，腹部不胀，大便中没有过多的水分或便水分离的现象，就不异常。

如果宝宝大便稀少而绿，每次吃奶间隔时间缩短，好像总吃不饱似的，可能是母乳不足了。但不要轻易添加奶粉，每天在同一时间测体重，记录每天体重增加值，如果每日体重增加少于20克，或5天体重增加少于100克，再试着添加一次奶粉。观察宝宝是否变得安静，距离下次吃奶时间是否延长了，如果是的话，每天添一次奶粉，5天后测体重如果增加了100克以上，甚至达到150～200克，就证明是母乳不足导致大便稀溏发绿。

第12周

日常护理指导

宝宝睡眠环境不必太安静

有不少妈妈在宝宝睡觉时，会把电话铃声关掉，甚至不让人大声说话，干什么事都蹑手蹑脚地非常小心，生怕惊扰了宝宝的睡眠。其实这样做是完全没必要的。

事实上，想将宝宝的睡眠完全控制在安静的环境下，这几乎是不可能的，也完全没有这个必要。因为宝宝在妈妈的肚子里早已习惯了伴着某种音律入梦。宝宝在妈妈腹中的几个月间，时常都会听到某些声音，如：妈妈的心跳声，肚子的咕噜声，包括妈妈的话语声。现在，宝宝可能会因为没有这些声音而难以入眠。如果将宝宝的睡眠控制在非常安静的环境中，反而对宝宝的生长发育不利。

妈妈上班前的准备

宝宝3个月了，大多数妈妈得为上班做准备了（产假超过3个月者，一定要坚持母乳喂养），虽然既要上班，又要为宝宝哺乳很辛苦，但许多这样的妈妈都乐在其中。因为上班哺乳有种种好处，但要做好这项工作还需进行一番周密的安排。一般情况下，上班哺乳就是母乳、牛奶或配方奶混合

着喂。这是因为，在这个时候母乳一般不足，必须添加牛奶。另一方面，由于妈妈万一不能按时回来喂奶，就得给宝宝喝牛奶，因此妈妈上班前，一定要训练宝宝学会喝牛奶。

妈妈上班前还需要做以下的准备：

首先，在给宝宝喂母乳期间，就应当适当地给宝宝用奶瓶喂奶，让宝宝在熟悉妈妈乳头的同时，也开始逐渐熟悉奶瓶，这样宝宝就不会拒绝奶瓶了。

其次，妈妈上班前必须先练好挤奶的技巧，同时在冰箱冷藏库中储存挤出的奶备用（冰箱冷藏备用的母乳不得超过24小时），以供宝宝之需。如果妈妈打算让宝宝在自己的工作时间内喝配方奶，也必须学会挤奶，否则会尝到胀奶的痛苦，并会影响到母乳的分泌。如果有可能，妈妈最好采取上半天班的办法，或做兼职，这样就能两全其美。

营养饮食要点

适当给宝宝喂些果汁

3个月的宝宝可以喝一些果汁了。适合3个月宝宝的果汁有很多，每个季节最盛产的水果，就是最新鲜的水果汁。春天可选橘子、苹果、草莓；夏天可选西红柿、西瓜、桃；秋天可选葡萄、梨；冬天可选苹果、橘子、柠檬。

把新鲜的水果制作成果汁，最重要的是要注意清洁卫生。注意把榨汁器用开水或消毒柜进行消毒。由于水果喷洒农药，所以榨汁前应削掉果皮。榨出的果汁不能直接装到奶瓶中，要先过滤以免果肉堵塞奶嘴的孔。

给宝宝饮用原汁还是稀释果汁，

主要根据宝宝是否便秘而灵活处理。满月后的宝宝，不便秘时可兑1倍的凉开水。如果宝宝不太喜欢喝果汁，也可以少加些糖。一般每次喂宝宝5～10毫升果汁。

如果宝宝便秘，喝稀释的果汁无效时，可以改喂原汁，也可以增加量。如果宝宝特别喜欢喝果汁，对大便又没有任何影响，每天也可以喂2次，量也可以逐渐增加。但是，在这个月龄的宝宝，1次的量不能超过20毫升。

可以给宝宝多喂牛奶吗

有些宝宝在妈妈给添加牛奶后，就喜欢上了奶瓶，因为橡皮奶嘴孔大，吮吸省力。而母乳需要主动吮吸，吃起来较费力，于是宝宝就开始做出选择，表现出对牛奶有极大的兴趣。这时，妈妈不要任由宝宝喜好，给宝宝多喂牛奶，因为如果不断增加牛奶量，母乳分泌就会减少，这样，不利于母乳的喂养。

体能智能锻炼

培养宝宝的语言能力

此时，宝宝能发出较多的自发音，并能清晰地发出一些元音，父母可以利用这个机会培养宝宝的发音，在宝宝情绪愉快时多与宝宝说说。有时宝宝会哭，父母可以轻轻抱起宝宝，用手指在他嘴上轻拍，让他发出“哇、哇、哇”的声音，也可以将宝宝的手放在父母的嘴上，拍出“哇、哇、哇”的声音。这些都可以作为宝宝发音的基本训练，使宝宝感受多种声音、语调，促进宝宝对语言的感知能力。

培养宝宝的社会行为能力

有的宝宝一见生人就哭，更不用说让父母以外的人抱了。之所以出现这种情况，很大的原因就是宝宝在很小的时候缺乏社会行为能力的培养和训练。

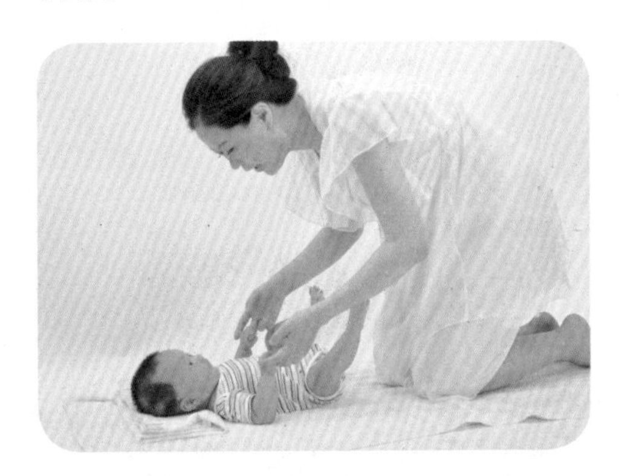

宝宝交往的第一个对象是妈妈，其次是爸爸。现在基本上都是独生子女，而且大部分住的是楼房，与他人交往不多。所以，父母要尽量为宝宝创造与他人交往的机会，让宝宝多见见生人，或者让邻居抱一抱，让宝宝愿意与更多的人交往。这种最初的交往会影响宝宝成人后的社会交往。但应该注意的是，不要带宝宝到人多的公共场所，以免感染疾病。

健康专家提醒

注射“百白破”三联疫苗

“百白破”三联疫苗是由百日咳菌苗、白喉类毒素和破伤风类毒素按适当比例配置而成的，用来提高机体对百日咳、白喉、破伤风三种疾病的抵抗能力。接种后，它们各自发挥其免疫作用。百日咳抗原成分刺激人体产生具有凝集、中和与杀灭百日咳杆菌的各种抗体，能抵抗百日咳感染而不发病。白喉和破伤风类毒素可以使人体产生相应的抗毒素，通过抗毒素中和白喉、破伤风杆菌产生的外毒素。

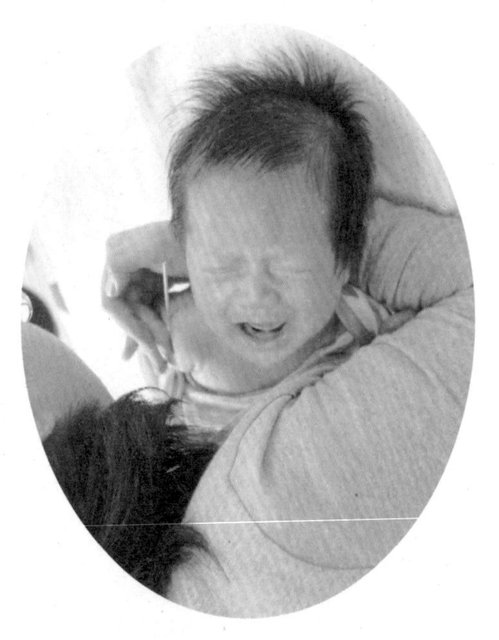

这种疫苗一般是肌内注射，注射部位多在上臂三角肌附着处，也可选择臀部。三联针对破伤风的预防效果最好，抗体可维持10～15年时间，保护率可达95%以上。对白喉的预防效果也较为理想，约90%的宝宝血清中白喉抗毒素可达到保护水平。对百日咳的保护率可达到80%左右。

接种疫苗后有不良反应该如何处理

接种“百白破”三联疫苗后，宝宝可能有轻微的发热、烦躁不安症状。注射后的当晚宝宝睡眠可能不好，易惊醒或哭闹，如发热未超过39℃，无抽搐等严重反应，可不用处理，通常经过2～3天即可自愈。该疫苗接种的局部可能出现红肿，持续几天后会逐渐消失。第一针注射后若宝宝的体温升到39.5℃以上，或伴有抽搐反应，则不宜再接种第二针，以免发生严重不良反应。若宝宝接种后全身反应较重，应及时到医院诊治。

第四章

13～16周　宝宝学会翻身啰

第13周

日常护理指导

宝宝流口水的原因

宝宝常常流口水是这一时期的特征之一，但对宝宝流口水现象，父母要分清原因，区别对待。因为流口水分生理性、病理性两种。

生理性流涎　这个时期的宝宝刚开始出牙，出牙对三叉神经的刺激，引起唾液即口水分泌量的增加，但宝宝还没有吞咽大量唾液的能力，口腔又小又浅，因而唾液流到口腔外面，形成“生理性流涎”。这种现象随着月龄的增长会自然消失，父母不必过于担心，只需要给宝宝随时擦洗，并更换干净舒适的围嘴就可以了。

病理性流涎　宝宝口腔出现炎症时，如牙龈炎、疱疹性龈口炎也容易出现流口水，且往往伴有烦躁、拒食、发热等全身症状，回顾病史时常常发现有与疱疹患者接触史。所以，遇到这种突发性口水增多时，父母应及时带宝宝到医院诊治。

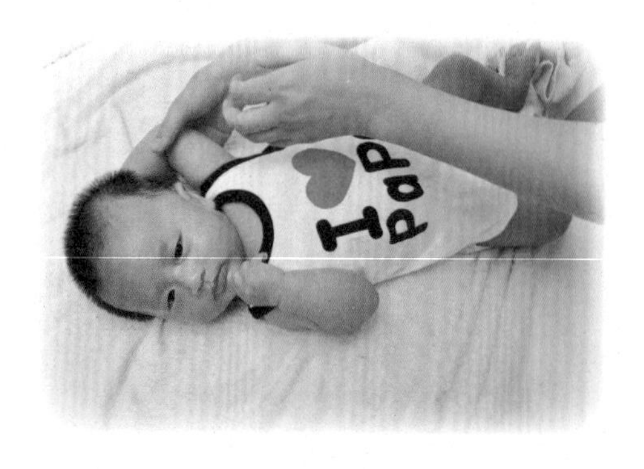

给宝宝洗头时注意保护眼睛

宝宝虽然在生下来不久经常洗澡，但正式给宝宝洗头还刚刚开始。即便宝宝已经喜欢上了洗澡，但他也不喜欢洗头时将水倒在头上或脸上，特别讨厌水流进眼里。为了慢慢让宝宝适应，洗头时，妈妈可以不时地往宝宝头上洒点水，和他逗着玩。等到宝宝慢慢习惯了流水的刺激，渐渐地就会喜欢水流在脸上的那种痒呼呼的感觉，即便脸上带着水珠甚至眼睛进了水也不在乎。如果宝宝喜欢水，父母还可以用水杯或喷头淋湿宝宝的头发，和他逗着玩，这会更让他对洗头乐此不疲。当然，如果宝宝实在不喜欢水流在脸上或是流进眼睛里的感觉，就应给他戴上一个简单的护脸罩，等宝宝慢慢习惯了再摘下来。

营养饮食要点

母乳喂养的宝宝不要过早添加辅食

这一时期宝宝会笑了。父母看到宝宝越长越大，认为可以给宝宝吃一些辅食了，于是，就迫不及待地为宝宝添加米粉等谷类食物。其实，这个月的宝宝消化腺还不发达，许多消化酶尚未形成。这样做有很多不利因素：首先是易导致宝宝消化不良，进而影响宝宝正常吃奶，最后造成营养不良；其次是宝宝在强行喂食下，极易造成能量过剩，日后容易肥胖。

所以，父母不宜过早给宝宝添加辅食，也不要非让宝宝将奶瓶里的奶喝光。此外，不要经常给宝宝喂葡萄糖水，以免影响其食欲，造成宝宝拒食其他食物或厌食。

吃奶次数和吃奶量该怎样把握

到宝宝第4个月时，吃奶次数应该是基本固定的。一般每天吃5次，夜里不吃。还有的宝宝是每隔4小时吃1次奶，一般夜里还要另外加喂1次，共喂6次。究竟夜里用不用给宝宝喂奶，这要根据宝宝的具体情况而定。总的原则是，宝宝能够消化吸收，体重在合适的范围以内。

在吃奶量上，父母要严格掌握，既不让宝宝饿着，又要防止宝宝超量。4个月时的宝宝，每天的奶量不应超过1 000毫升，即如果按宝宝每天喝5次奶算，每次应该喝180毫升；如果宝宝每天喝6次，每次就应该喝150毫升较为合理。

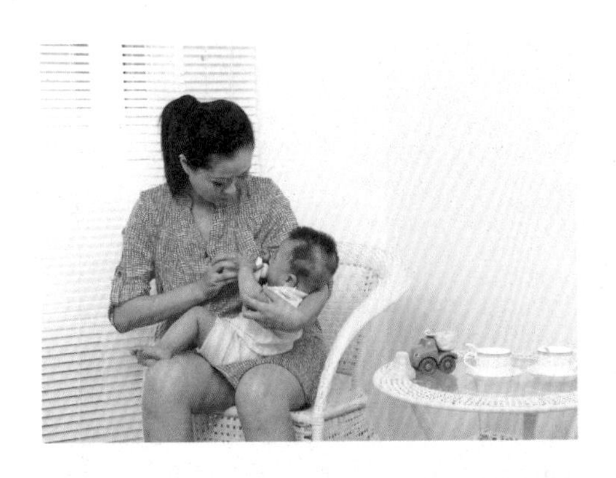

体能智能锻炼

训练宝宝翻身的方法

宝宝的翻身训练是下一步学坐的基础。虽然3个月前的宝宝主要是仰卧着，到了第3个月时，宝宝肯定已经开始了一些全身肌肉的活动，或者可以采用侧卧的姿势睡觉了。如果是这样的话，训练翻身就会容易很多。训练宝宝翻身应该根据宝宝的实际情况循序渐进，可以参考以下方法：

转身法　训练时，先让宝宝仰卧，然后妈妈和爸爸可分别站在宝宝两侧，用色彩鲜艳或有响声的玩具逗引宝宝，训练宝宝从仰卧翻至侧卧位。如果宝宝自己翻身还有困难，也可以在宝宝平躺的情况下，妈妈用一只手撑着宝宝的肩膀，慢慢将他的肩膀抬高帮宝宝做翻身的动作，只是在宝宝的身体转到一半时，就让宝宝恢复平躺的姿势。这样左右交替地训练几次，宝宝就可以进一步练习真正的翻身了。

摇晃法　摇晃法与转身法最大的不同，就是让宝宝在保持身体平衡中锻炼背部和胸部肌肉的力量，为下一步的翻身训练作准备。训练时，先让宝宝躺在摇床里或床垫上，然后再摇晃摇床或床垫。当宝宝被摇到半空身体倾斜时，为了保持身体平衡，自然会努力挺起胸，挺直腰，把身体往后仰。采用摇晃法时，一定要慢慢加大摇动的角度，摇晃的频率不要太快，随时注意宝宝的反应，如宝宝有惊恐的表现就马上停止，不要急于求成，以免发生危险。

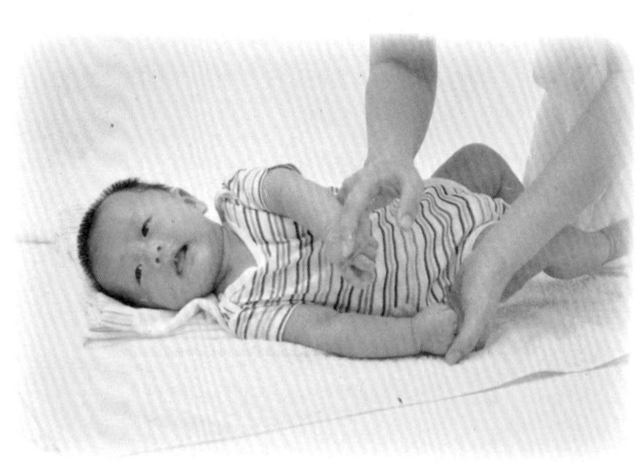

转脚法　转脚法必须建立在宝宝会以侧卧姿势睡眠的基础上。训练时，先让宝宝侧卧，在宝宝的左侧和右侧放一个色彩鲜艳或有响声的玩具或镜子，然后抓住宝宝的脚踝，让右脚或左脚横越过左脚或右脚，并碰触到床面。搬动宝宝脚的时候，动作一定要轻柔，并注意宝宝的身体是不是也跟着脚翻转。如果不跟着转，可以轻轻地在宝宝背后推一把。如果宝宝的身体跟着脚翻转，就会自己翻过去，变成趴着的姿势。只要宝宝在父母的帮助下完成这个动作，就可以提前翻身了。转脚法一般每天可以训练2～3次，每次训练2～3分钟。

教宝宝做翻身被动操

在训练宝宝翻身时，为发展和巩固宝宝的翻身动作，促进宝宝动作的

灵活性，可以教宝宝做翻身被动操。具体方法是:

先让宝宝仰卧在平整的床上，妈妈或爸爸一只手握住宝宝的前上臂，另一只手托住宝宝的背部。然后喊着口令“一、二、三、四，宝宝翻过来”，将宝宝从仰卧推向俯卧，再喊口令“二、二、三、四，宝宝翻过去”，将宝宝从俯卧推向仰卧。如此反复，每日数次。

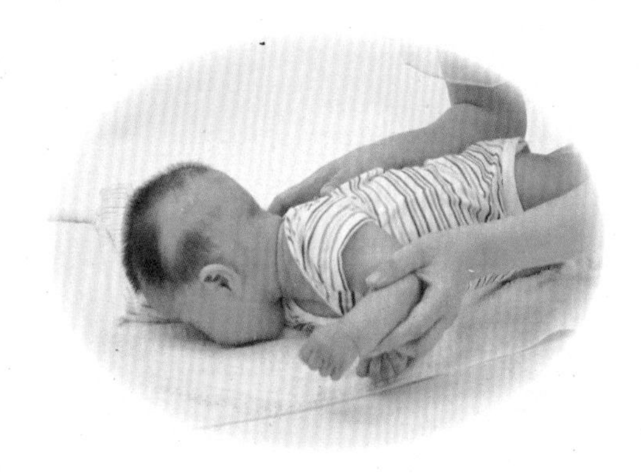

健康专家提醒

水浴和游泳可增强宝宝机体抵抗力

水浴，是利用身体表面和水的温差来锻炼身体，它比日光浴、空气浴都容易掌握强度，一年四季均可进行，同时还可因人而异，因此对于3个月大的宝宝来说，是一项比较好的锻炼方式。在众多健身方法中，水浴具有显著的优势。由于水的热传导能力比空气高30倍，所以对人体体温的调节作用更大。

1个月以内的婴儿可进行温水锻炼，1个月以后可逐渐向水浴过渡，到3个月时就可以正式水浴了。水浴的原则是，应从温水逐渐过渡到冷水，但水温越低，与身体接触的时间应越短。

水浴方法很多，有冷水浸浴、冷水擦浴、冷水冲淋等。对3个月大的宝宝来说，温水浸浴比较适宜，方式是用一较大的盆盛水，水量以宝宝半卧位于盆中时，锁骨以下部位全部浸入水中为宜。室温应控制在20～21℃，水温为36℃左右。每天水浴1次，浸泡时间为5～6分钟。浸浴后，再以低1～2℃的水冲洗全身。宝宝水浴完毕，应用大毛巾包裹好，擦干水，适度摩擦宝宝皮肤到泛红为佳。以后随着宝宝年龄增长，耐受性增强，可逐渐降低水温至28～30℃。

缺铁性贫血的原因和防治

这个月的宝宝，容易出现营养性缺铁性贫血，这是因为宝宝体内储存的铁，只能满足4个月内生长发育的需要。也就是说，宝宝从母体带来的铁，已经基本消耗完了。同时，4～6

个月宝宝的体重、身高增长迅速，对铁的需求量也高，因此，容易发生缺铁性贫血。

缺铁性贫血对宝宝身体的危害是很大的，大多轻度贫血的症状、体征不太明显，待有明显症状时，多已属于中度贫血，主要表现为上唇、口腔黏膜及指甲苍白；肝脾淋巴结轻度肿大；食欲减退、烦躁不安、注意力不集中、智力减退；明显贫血时心率增快、心脏扩大，常易合并其他疾病感染等。化验检查血红细胞数量减少，血红蛋白降低，血清铁蛋白降低。

防治缺铁性贫血，父母就需要给宝宝增加含铁量高的辅食。具体办法可以参考以下几种：

一是坚持母乳喂养　母乳含铁量与牛奶相同，但其吸收率高，可达50%，而牛奶只有10%。母乳喂养的宝宝患缺铁性贫血者较人工喂养的少。

二是定期给宝宝检查血红蛋白　宝宝在出生后的6个月时需检查1次；1岁时需检查1次；以后每年检查1次，以便及时发现贫血。

第14周

日常护理指导

宝宝的后囟门开始闭合

后囟门在宝宝头的后部正中，呈三角形。宝宝刚出生时，后囟门很软，还没有闭合。一般在宝宝生后2～3个月时开始闭合。宝宝的后囟门部位缺乏颅骨的保护，因此，父母要注意，在宝宝后囟门闭合前，一定要防止坚硬物体的碰撞，但可以用水轻轻地洗。

宝宝后囟门的闭合，标志着宝宝头部发育趋于完善，也是宝宝脑细胞发育第二个高峰期的到来。

宝宝可以使用儿童车了

宝宝到了第4个月，活动能力逐渐增强，掉地上和容易磕碰的概率也多了起来。如果给宝宝使用儿童车，安全系数就大得多了。

儿童车的式样比较多，经过调整可以适应宝宝的各种姿势，可以靠着坐、半卧，也可以平躺，使用起来非常方便。将宝宝放在婴儿车里，再给他一些玩具让他自己玩耍，父母就可以放心地去做其他事了。但要注意，宝宝不能离开妈妈的视线。外出时，也可以让宝宝靠坐或躺在车里，父母推着车带宝宝去晒晒太阳，呼吸新鲜空气。

但是使用婴儿车的时间不能太长，否则会造成宝宝的肌肉负荷过重而影响生长发育。另外，宝宝长时间单独坐在车子里，减少与父母的交流，会影响宝宝的心理发育。

营养饮食要点

宝宝吃奶量减少的原因

第4个月的宝宝生长的速度开始减慢，再也不是新生儿期时一天一个模样了。这时候的宝宝吃奶量逐渐减少，尤其是吃母乳的宝宝，妈妈会感觉到宝宝吃奶的次数在减少，不是一天很多次了，吃奶的量也没有以前多，吃的样子也不像以前那样香甜。因此，妈妈就担心宝宝是不是生病了，宝宝是否是厌奶或者还有什么其他的原因。

其实，第4个月的宝宝，随着胃容量的增大，体内有了一些储存的食物。再者，宝宝的生长速度不像以前那样快了，对食物的需求也有了自己的选择。而且，因为宝宝长大了，开始对周围的事物产生好奇，任何东西都能引起宝宝的关注。主要表现在吃奶的时候，宝宝的小眼睛会不时地看看妈妈，或看看头顶悬吊的气球，有时还会边吃边玩自己的小脚丫，甚至耳边稍有一点儿响动，宝宝就会松开奶头，扭头去寻找，妈妈需要三番五次地将奶头塞进宝宝的口中才行。这样就造成吃吃停停的现象，并不一定表示宝宝不喜欢吃奶了。这个月的宝宝已经懂得摄取固定奶量，而且只要不存在体重不长、活动有问题、发育迟缓或大便不正常等现象，就不用太担心。

双胞胎宝宝的母乳喂养

研究证实，单胎的妈妈每天泌乳800～1 500毫升，双胞胎的妈妈每天能

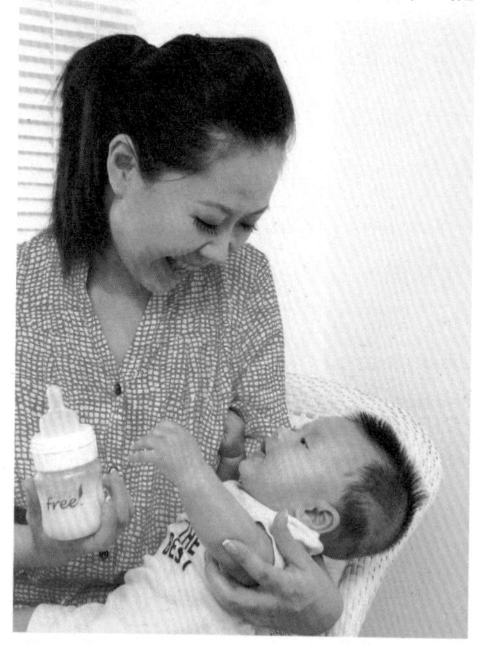

泌乳2 500毫升，可满足两个宝宝的需要。因此，妈妈完全有能力同时哺喂两个宝宝。如早产双胞胎儿吸吮、吞咽能力差，可用吸乳器将母乳吸出，再用滴管或小匙喂食。哺乳时可采用抱球式哺乳法。

妈妈坐在床上，在腰部左右两侧各放一个枕头或垫被，将两个宝宝分别放在两侧枕头上，让宝宝身体朝向妈妈。妈妈双手托着宝宝的头、肩部，使宝宝的脸对着乳房，并按正确含接方法，帮助宝宝含住乳头和大部分乳晕。这样，妈妈即可同时给双胞胎宝宝进行哺乳。另外，双胞胎新生宝宝全身器官发育不够成熟，血浆丙种球蛋白低，抗感染能力较弱。因此，在喂养时要特别注意卫生，奶头、奶瓶要保持清洁，奶瓶务必在每次用完后消毒，哺乳妈妈的奶头也要在每次喂奶前擦洗干净。

体能智能锻炼

宝宝开始有6种情绪反应

宝宝到了这个月时，就开始有了欲望、喜悦、厌恶、愤怒、惊骇和烦闷6种情绪反应。随着月龄的增加，宝宝的情绪会逐渐复杂起来。其中，表现最突出的就是微笑。微笑既是宝宝身体处于舒适状态的生理反应，也表示宝宝的一种心理需求。

从这个月开始，宝宝对父母情感的需要，甚至超过了饮食。如果宝宝不是饿得厉害，妈妈的乳头已经不再是灵丹妙药了。当宝宝哭闹时，如果父母对宝宝以哼唱歌曲等形式加以爱抚，宝宝或许会破涕为笑。所以，父母应注意从环境、衣被、生活习惯、玩具、轻音乐等方面加以调节，改善宝宝的情绪。

增加户外锻炼的时间

充分利用自然界的空气、阳光和水，对宝宝进行体格锻炼，不仅可以促进新陈代谢，而且可增加机体对外界环境的适应能力，对体格发育也大有好处。晒太阳可有效预防佝偻病，外界的各种刺激能提高宝宝反应的灵敏性，从而增强抗病能力。所以，从第4个月开始，可以适当增加宝宝户外锻炼的时间，每天可控制在3个小时左右。

夏季出去的时间应在上午8：00～10：00、下午4：00～5：30（可根据每个地区的具体情况而定）。外出时不要让阳光直接照射宝宝的眼睛和皮肤，带宝宝到室外阴凉的地方时应该戴上帽子。春秋季应注意不要让太阳光长时间晒到宝宝的皮肤。在寒冷的季节，即使不刮大风，也应在充分保护好宝宝手脚和耳朵的前提下，选择较暖和的时间进行户外锻炼。

健康专家提醒

宝宝感冒的原因和对策

一般来讲，这个月的宝宝较容易患的传染病就是感冒。宝宝感冒大部分是父母以及与宝宝接触的人传染的。由于宝宝的抵抗力差，一般情况下，当身边人出现打喷嚏、鼻子不通气、发热、头痛等症状，感觉到自己可能感冒的时候，其实就已经传染给

宝宝了。

宝宝感冒后，吃奶就变得困难，常常流鼻涕、打喷嚏、咳嗽，但并不十分难受。同时食欲也稍有下降。上述症状一般2～3天就好了。到了第3天，最初流出的水样清鼻涕就变成黄色或绿色的浓鼻涕。感冒开始时吃奶量有些下降的宝宝，3～4天后就恢复正常了。宝宝有时可能在感冒的同时出现腹泻、大便次数增加的症状。即使宝宝有点发热，只要很活泼、不嗜睡、不哭闹、不咳嗽，就不要过于担心。

在宝宝明显表现出感冒症状期间，不要给宝宝洗澡，以免再次受凉。

如果宝宝吃奶困难，可减少半勺或一勺奶量，也不要硬喂宝宝，可以喂些果汁。与此同时，要注意给宝宝随时喂水，以补充体内流失的水分。

注意宝宝的舌头与颌骨异常

在给宝宝喂奶或宝宝打哈欠时，应注意观察宝宝舌头状况是否正常，并根据实际情况进行应对。一般宝宝的舌头常会出现两种异常情况。

沟纹舌　所谓沟纹舌，就是在宝宝的舌部出现深浅、长短不一的纵横沟纹，一般无任何不适，但可出现刺痛感。目前，沟纹舌的成因虽然不明，但人们常认为是先天性的，而且可能与地理条件、维生素缺乏或摄入的食物种类等有关。沟纹舌随着年龄的增长可能逐渐加重，但不需要任何治疗。为防止宝宝出现沟纹舌，妈妈应经常注意保持宝宝的口腔清洁，比如吃完奶或果汁后给宝宝饮点水，冲刷一下口腔；还可用棉签蘸温开水轻轻擦拭宝宝的口唇。

颌骨异常　所谓颌骨异常，主要指上颌骨前突或下颌骨前突，也就是人们常说的“天盖地”或“地包天”。这种情况一般发生在人工喂养的宝宝身上，主要原因就是使用奶瓶的姿势不当。使用奶瓶喂宝宝时，如果经常将奶瓶压着宝宝的下颌骨，或让宝宝的下颌骨拼命往前伸去够奶瓶，久而久之就会影响宝宝下颌骨的发育，形成上颌骨前突或下颌骨前突。正确的喂奶姿势应当是将宝宝自然地斜抱在怀里，奶瓶方向尽可能与宝宝的面部成90度角。

第15周

日常护理指导

培养宝宝自然入睡

在这个月，最好不要哄宝宝睡觉，尽量让他自然入睡。这样可以养成宝宝自然入睡的好习惯，以免日后出现睡眠问题。

即使出现了一些睡眠问题，也不要着急，因为着急只会让宝宝睡眠问题更加严重。宝宝哪一天睡得少了，哪一天晚上不好好睡了，睡醒后哭闹了等，如果父母过于干预，着急、焦虑也会使宝宝产生不良情绪，还会使宝宝产生对父母的依赖。对于宝宝偶然出现的睡眠问题，要进行冷处理，让宝宝有自己调节的空间。

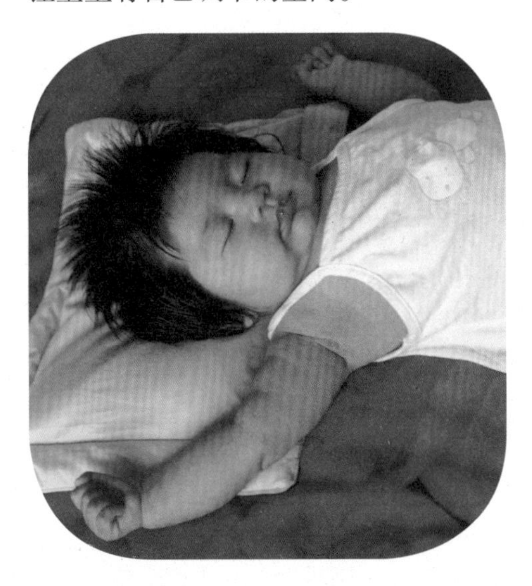

训练宝宝定时大便

宝宝刚出生时，大便次数比较多，而且难以掌握规律。等到了3～4个月时，每天的大便次数基本保持在1～2次，而且时间基本固定。所以，从第4个月开始，就可以按照宝宝自己的排便规律，培养宝宝按时大便的习惯了。

训练宝宝养成定时大便的习惯时，要先摸清宝宝每天经常在什么时间排便，到了这个时间父母就要格外注意了。如果发现宝宝有脸红、瞪眼和凝视等神态时，就应把宝宝抱到便盆前，并用“嗯、嗯”的发音使宝宝形成条件反射，久而久之宝宝一到时间就会有便意了。

对于小便量大、次数少，喜欢让妈妈把尿的宝宝，可以抱着宝宝把一把。但如果宝宝不喜欢，一把就打挺，或越把越不尿，放下就尿，这样的宝宝不喜欢妈妈干预他尿尿，就不要把。否则不仅会伤害宝宝的自尊心，而且到了该训练的月龄也训练不了。有的宝宝每天大便1～2次，因此，可以在每天大便的时间把一把。但要注意不要长时间把宝宝大便，因为如果长时间让宝宝肛门控着，会增加脱肛的危险。

营养饮食要点

特殊乳房的妈妈怎样哺乳

特殊乳房是指特殊形态的乳房，如悬垂乳、平坦乳、大乳头及乳头内陷的乳房。特殊乳房若发育良好，仍属正常乳房，然而它给哺乳增加了困难，如不注意，会导致少奶、无奶及乳腺炎等。对特殊乳房必须采取特殊的哺乳方法。

悬垂乳房　其形态就像茶壶，整

个乳房下垂，乳头却在上部。妈妈在哺乳时应将乳房托起，使乳腺管与乳头保持平行，以便于宝宝将整个乳房内的乳汁吸空。

平坦乳房　常见于扁胸及瘦长的女性。其乳房不够丰满突出，使宝宝较难吮吸，造成喂奶困难。此种乳房在喂奶前需做热敷、按摩等准备工作，还要牵拉乳头，使其突出来。哺乳时要采取上身前倾的哺乳姿势。

大乳头乳房　正常乳头的直径为1厘米左右，达1.5厘米左右的便是大乳头，这和遗传因素有关。哺乳前需用双手拇指将乳头轻轻揉搓，哺乳时需用拇指和食指牵拉乳头，使其变细变长，还要设法让宝宝张大嘴，以便将乳头、乳晕一起送入宝宝口中。经过数次训练，宝宝便会慢慢适应，能够吸吮到乳汁了。

乳头内陷　这类乳房给哺乳带来很大的困难，最好的解决办法就是及早发现，及时矫正。乳头内陷的新妈妈在哺乳前要用两手大拇指压乳晕，再将乳头轻轻地“钳”出来，同时牵拉乳头，使其突出，套上乳嘴，并采取上身前倾的姿势喂奶。这样做1周左右，宝宝便可顺利地吮吸到乳汁。

保证宝宝摄入足够的维生素

维生素对于宝宝来说太重要了，因为宝宝的生长发育，离不开各种营养物质，维生素就是其中比较重要的一种。如果宝宝缺乏维生素D会出现佝偻病；缺乏维生素A会出现眼睛角膜病变，严重的会导致失明；缺乏维生素C会出现身体各处出血；缺乏B族维生素会出现神经、心脏方面的病变等。

宝宝对维生素的摄取有两个途径，一是来自母乳；二是为宝宝添加维生素制剂以及富含维生素的食物，像果汁、菜汁等。因此，用母乳喂养宝宝的妈妈们，一定要注意营养，为自己，也为宝宝摄取足够的维生素（坚持母乳喂养的宝宝，此时不需要添加任何辅食）。

体能智能锻炼

逗引游戏

在宝宝情绪愉快时，父母要运用各种方法逗引宝宝发音，与宝宝“交谈”。比如抱起宝宝，与宝宝面对面，用愉快的口气和表情与宝宝说笑、逗乐，使宝宝发出“呃、啊”声或笑声。或用宝宝喜爱的玩具、图片逗引宝宝发音，一旦宝宝兴奋地手舞足蹈时，就会发出“咿、啊”之声。

在户外活动时，遇到宝宝感兴趣的人和物，宝宝也会高兴地咿呀作语。家庭成员还可以轮流同宝宝逗乐。宝宝在妈妈怀中更爱笑，更爱笑出声音，四肢及全身都愉快地活动。一旦逗引宝宝主动发音，就要富有感情地称赞宝宝，轻柔地抚摸宝宝，与宝宝你一言我一语地“交谈”。

滚球游戏

做滚球游戏时，可以让宝宝趴着，先让宝宝触摸一下有铃铛的球，然后把球放在宝宝的手边滚动。接着，再从稍远的地方将球滚向宝宝，甚至从宝宝身边滚过。这样滚动的球就会引导宝宝移动整个身体追寻球的去向。或者先抓住宝宝的脚，让宝宝的脚被动踢球。

刚开始时，宝宝肯定不会踢，不是用脚从上面蹬踩球，就是用脚踝笨拙地碰球。等宝宝把球碰出去后，妈妈再把球用手挡回来。当宝宝看到自己的脚把球碰出去然后又弹回来的时候，一定会表现出很兴奋的样子。经过这样多次练习，如果妈妈再把球放在宝宝的脚边时，宝宝就会自动踢球了。

健康专家提醒

不要与宝宝做激烈游戏

每一对父母都非常喜欢自己的宝宝，但在与宝宝做游戏时，有时可能由于忘乎所以，会因激烈游戏而使宝宝受到不必要的伤害，这种情况在爸爸与宝宝做游戏时更易出现。比如，太剧烈地摇晃会使宝宝有两项潜在危险。一是可能会造成宝宝的视网膜剥离，如果情况严重或治疗不及时，就可能造成严重的视力损伤甚至失明。二是因为宝宝的颈部还不太稳，一不注意便有可能造成颈部损伤，严重时甚至伤害宝宝的脑部，有生命危险。此外，还可能失手将宝宝掉到地上造成摔伤。

所以，与宝宝做游戏时一定要慎重，选择适合这个月份宝宝的游戏项目，千万不要因一时不慎将游戏变成悲剧。

宝宝出眼屎的原因

宝宝在出生4个月左右时，爸爸妈妈常会在宝宝睡觉醒后，发现宝宝眼角或外眼角沾有眼屎，而且眼睛里泪汪汪的。仔细一看还可能发现宝宝下眼睑的睫毛倒向眼内，触到了眼球。这种现象叫倒睫，当睫毛倒向眼内时刺激了角膜，所以导致宝宝出眼屎和流眼泪。造成宝宝倒睫的原因，主要是由于宝宝的脸蛋较胖，脂肪丰满，使下眼睑倒向眼睛的内侧而出现倒睫。一般情况下，过了5个月，随着宝宝的面部变得俏丽起来，倒睫也就自然痊愈了。

另一个导致宝宝眼睛出眼屎的原因，可能是“急性结膜炎”而引起的，这可以从急性期宝宝的白眼球是否充血作出初步判断。严重时，宝宝早上起来因上下眼睑粘到一起而睁不开眼睛，爸爸妈妈必须小心翼翼地用干净的湿棉布擦洗后才能睁开。宝宝的“急性结膜炎”多半由细菌引起，点2～3次眼药后就会痊愈。

人们都说孩子是直肠子，一吃就拉。妈妈把尿布换得干干净净，再把宝宝抱起来吃奶，还没吃几口，宝宝就大便了，妈妈会认为不正常，就给宝宝吃药。遇到这种情况，不要急于换尿布，因为马上给宝宝换尿布不仅会打断宝宝吃奶，由此导致宝宝吃奶不成顿；还会使宝宝将刚吃进的奶溢出来，加重溢奶程度。所以，最好等到宝宝吃完奶后再换尿布。

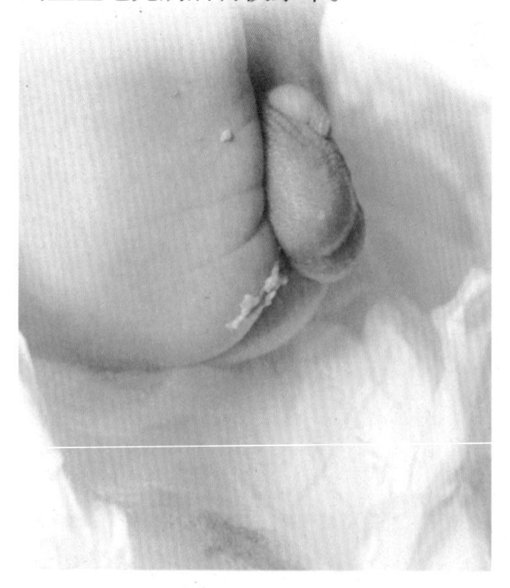

第16周

日常护理指导

陪宝宝一起睡觉

大部分宝宝都会害怕黑暗，所以会对黑夜产生恐惧。为了消除宝宝的不安，夜晚父母最好陪宝宝一起睡，这样宝宝能够像白天一样自信，而且还能使彼此关系更加亲密。实验证明，陪宝宝一起睡觉，传递给宝宝的爱和安全感将会伴随宝宝一生。

陪宝宝一起睡觉时的注意事项

在很多现代家庭中，尽管有些父母倾向于让宝宝单独睡，但在刚开始的几周到几个月，由于宝宝还小，不适合独睡，大多数妈妈夜间让宝宝睡在自己身边。这种近距离的亲近，不但会给妈妈和宝宝带来美妙的感觉，还可以减轻对宝宝健康状况的焦虑，而且夜间哺乳时的干扰也会小一些。

如果选择和宝宝一起睡的话，首先要看床够不够宽，如果床不够宽敞，请不要和宝宝同睡，因为这样做宝宝可能会被挤着。如果床很宽敞，那么一定要给宝宝盖轻薄柔软的毯子和被单，不要给宝宝盖成人的被子，同时要确保父母被子和枕头不压在宝宝的头上。

营养饮食要点

宝宝边吃奶边睡觉利少弊多

有些妈妈为了让宝宝睡得快一点，特别喜欢在宝宝临睡时喂奶，宝宝吃着奶渐渐睡去。其实这是个错误的做法，会对宝宝产生以下不利影响：

容易吸呛　宝宝入睡时，口咽肌肉的协调性差，不能有效保护气管口，会有奶水呛入气管的危险。

易造成龋齿　奶水长时间在口腔内发酵，会破坏乳齿的结构，造成龋齿。

降低食欲　因为肚子内的奶都是在昏昏沉沉的时候被吃进去的，宝宝清醒时脑子里没有饥饿的感觉，所以会降低食欲。

可见，宝宝睡觉时吃奶利少弊多。建议一般宝宝吃完奶后，妈妈可以给他喂两勺清水，清洁一下口腔，然后再让他入睡，这样有利于保持口腔卫生。

宝宝厌食牛奶怎么办

有的宝宝在3个月前一直很喜欢喝牛奶，但不知从哪天起突然不爱喝牛奶了，这使父母真是弄不明白，难道宝宝生病了？

其实，这种状况叫做厌食牛奶，只是宝宝身体功能不适应奶粉的一种反应而已，并不是什么疾病。厌食牛奶的宝宝，一般是因为2个月左右时，喝了较多浓度较高的奶粉所致。那些长期过量喂牛奶的宝宝，肝脏及肾脏非常疲惫，最后导致“罢工”，以厌食牛奶的方式体现出来。这也是宝宝为了预防肥胖症，而采取的自卫行动。

妈妈这时应该做的是，不要继续给宝宝喂他不喜欢吃的牛奶，应多补充些果汁和水，让宝宝的肝肾得到充分的休息。在一般情况下，经过10天或半个月的细心照料，宝宝肯定会再度喜欢上牛奶的味道。在喂宝宝果汁、菜汁和水的同时也可喂一些配方奶，但要调配得稀一些。

体能智能锻炼

手部肌肉的训练

在肢体活动中，宝宝最先注意到的是自己的手。从刚出生时的无意识抓握，到后来有意识地拿取，充分反映出宝宝智能、体能的发育过程以及发育的程度。

在训练宝宝手部肌肉运动能力时，父母可将宝宝抱成坐位，面前放一些色彩鲜艳的玩具，边告诉宝宝各种玩具的名称，边引导宝宝自己伸手

去抓握。开始训练时，玩具要放置在宝宝一伸手就可抓到的地方，如果宝宝能够比较容易地抓到，那以后就可以慢慢地移到稍远的地方。在此基础上还可以在宝宝左手或右手已经拿到一个玩具后，再向宝宝的同一只手递玩具，观察宝宝是将原来到手的玩具扔掉再拿另一个玩具，还是学会了将玩具传到另一只手上。然后试着将宝宝不喜欢的玩具递过去，让宝宝练习推开的动作，还可以将宝宝喜欢的玩具从他手中拿过来再扔到宝宝身边，让宝宝练习拣东西的动作。玩具应按照从小到大循序渐进的顺序。这样做可以锻炼宝宝手部肌肉的力量。

训练大小肌肉运动能力

宝宝的大小肌肉训练主要包括四肢运动和头颈部运动。在训练时，除了继续坚持每日数次帮助宝宝做体操外，还要重点做以下训练：

够取玩具训练　在进行够取玩具训练之前，应巩固宝宝的抓握能力。先拿出一个宝宝的手能抓住且能发出响声的玩具，比如摇铃、拨浪鼓等，在宝宝的上方或两侧摇动，先使宝宝听到声音并看到玩具，然后再让宝宝去抓握。每日训练数次，每次数分钟。

在能持续抓握5秒钟以上时，再进行够取玩具训练。训练时，可用一条小绳系上一个宝宝能够够得着、抓得住而且对宝宝具有吸引力的玩具，先在宝宝面前晃动几次，引逗宝宝伸手去够取或把着他的手让他够取玩具。左右两手都要练习，以训练宝宝手部肌肉紧张和放松的能力。

俯卧支撑训练　在巩固第2个月、第3个月进行的俯卧抬头训练基础上，当宝宝俯卧时头部能稳定地挺立达90度时，可站在距宝宝1米左右的地方，手拿摇铃或一捏就响的玩具逗引宝宝，训练宝宝用前臂和胳膊肘支撑起头部和上半身，使宝宝的脸正视前方，胸部尽可能抬起，每日训练数次，每次数分钟。同时，还要用手抵住宝宝的足底，观察宝宝有没有向前爬动的意思，为将来练习爬行做准备。

健康专家提醒

凉水擦浴，可增强宝宝抗病能力

用凉水给宝宝擦澡，通过凉水对皮肤的刺激，可以提高宝宝神经系统兴奋性，加快全身的血液循环及新陈代谢，提高宝宝对寒冷的适应性，增强宝宝的抗病能力。

用凉水给宝宝擦澡操作简便易行，即使是身体较弱的宝宝也可以。用于擦澡的水温开始时应该控制在32～35℃，待宝宝逐渐适应后，可以适当降低水温。同时，室温应根据宝宝的耐受程度控制在20～25℃，但不应低于18℃。用于擦澡的用品可选用吸水性强、对皮肤有一定刺激的材料，如较厚的泡沫软塑料等。擦澡时，用泡沫软塑料摩擦宝宝的胸背部、侧身及下肢等处，每日1次，每次擦澡时间以5～6分钟为宜。此外，为增强宝宝的耐寒能力，平时给宝宝洗脸、洗脚、洗澡时的水温也不要太高。

日光浴可以促进宝宝新陈代谢和生长发育

日光的红外线能扩张皮肤血管，紫外线可杀菌，适当地接受阳光照射，可促进宝宝新陈代谢和生长发育，预防佝偻病和贫血，增强机体抗病能力。

在宝宝进行日光浴之前，应先进行5～7天的室外空气浴，等宝宝对外界环境的适应性提高以后再进行日光浴。在室内做日光浴必须打开窗户在直射阳光下进行。室外日光浴应选择晴朗无风的天气，穿适当的衣服，让宝宝的全身皮肤尽量多地接受阳光。但不要让阳光直接照晒在宝宝的头部或脸部，要戴上帽子或打着遮阳伞，特别要注意保护眼睛。在阳光强的时候，还要注意不要让阳光灼伤皮肤。夏季日光浴可选择在上午8点以后。冬季可选择在中午11点至下午1点以前。每次从3～5分钟，逐渐增加到8～10分钟，一般每天3～4次。日光浴后要给宝宝喂些果汁或白开水等。日光浴时注意不要让宝宝着凉。如果宝宝身体不舒服、有病时应停止日光浴。

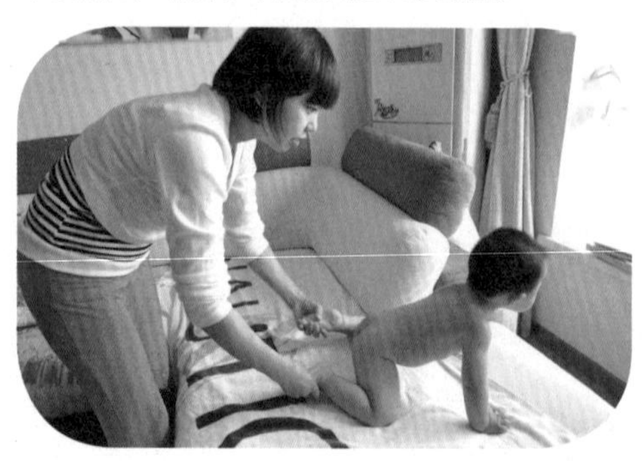

第五章

17～20周　该为宝宝添加辅食啦

第17周

日常护理指导

给宝宝穿袜子

对于刚刚4个月的宝宝来说，除了要选择合适的服装之外，袜子也是必不可少的。

由于宝宝的皮肤娇嫩，袜子不但可以保持宝宝脚部的清洁，而且还能避免尘土、细菌等对宝宝皮肤的伤害。在为宝宝选择袜子时，最好选择那些透气性能好的纯棉袜，因为用化学纤维制成的袜子不仅不吸汗，而且其中所含的化学成分可能会引起宝宝脚部皮肤过敏等情况的发生。另外，选择袜子时应注意尺寸是否合适，尺寸大了，不利于宝宝脚部的活动；尺寸小了，就会影响宝宝脚部的正常发育。

正确选择衣服

当宝宝长到第5个月时，高了，也胖了，运动量也明显增多，同时已经学会了打着挺翻身，平常小手也喜欢拽点什么。这时，系带子的宝宝装常被宝宝拽得七扭八歪，所以妈妈该给宝宝换服装了。但这时宝宝的小脖子依然很短，穿衣时也不会配合，穿套头衫还早，所以适合穿连体、肥大的“爬行服”或开襟的扣衫，以方便宝宝活动。衣服的面料最好是纯棉平纹或纯棉针织的。棉织物透气性能好、柔软、吸汗、价廉。

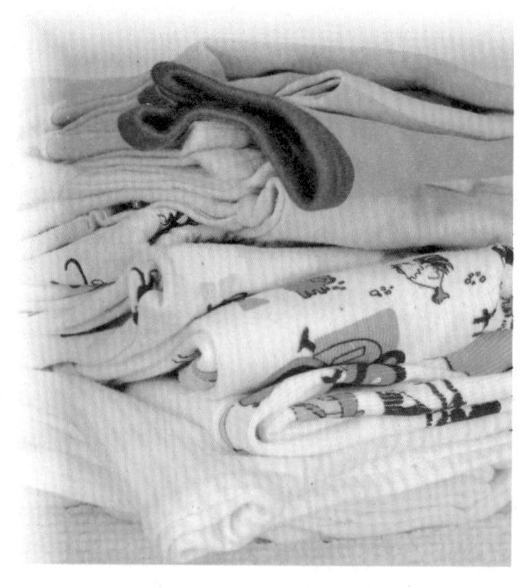

丝、毛、麻虽然也是天然织物，但对有些过敏体质，如患湿疹的宝宝是不适宜的。

在夏天，可以给宝宝穿比较方便的背心和短裤。到了秋末或冬季，就要准备夹衣、毛衣和棉衣了。一般应准备2～3件夹衣或毛衣，2～3件棉衣、棉裤。

营养饮食要点

添加辅食的原则

添加辅食要循序渐进　所谓循序渐进，一是从少到多逐渐增加，如蛋黄开始只吃1/4个，观察1周后，若宝宝无消化不良或拒吃现象，可增至1/2个。二是从稀到稠，也就是食物先从流质开始到半流质，再到固体食物，逐渐增加稠度。三是从细到粗，如从青菜汁到菜泥，再到碎菜，以逐渐适应宝宝的吞咽和咀嚼能力。四是从一种到多种，为宝宝增加的食物种类不要一下子太多，不能在1～2天增加2～3种。在添加辅食时要注意，每增加1种或加量前，要观察几天，看宝宝的适应情况，不要因为不当喂养造成宝宝消化系统疾病。

宝宝可以接受的辅食有哪些

这个月龄的宝宝，刚开始接受乳制品以外的其他食物，既新鲜，又有一个慢慢适应和习惯的过程。宝宝还未长牙，咀嚼能力差，父母给宝宝添加的辅食，一定要少而烂，既要宝宝爱吃，又要易消化。现在市场上，专为婴儿生产的如奶糕、各种米粉等谷类食品很多，食用起来十分方便。但不可让宝宝多吃，应适当给宝宝多吃蔬菜汁或菜泥，因为蔬菜富含多种维生素，是宝宝生长发育不可缺少的营养素。父母要选用颜色深的蔬菜给宝宝食用，如青菜、菠菜、西红柿和胡萝卜等。

体能智能锻炼

蹬脚训练

父母先用一个一碰就响的玩具触动宝宝的脚底，引起宝宝的注意和刺激宝宝脚部的感觉。当宝宝的脚碰到玩具时，玩具的响声会引起宝宝的兴趣，然后宝宝会主动蹬脚。这时，父母配合宝宝移动玩具的位置，让宝宝每次蹬脚都能碰到玩具，每次成功后可用亲吻或抱一抱的方式来鼓励宝宝。

教宝宝认识外界事物

在教宝宝认识周围事物时，应该给宝宝准备一些色彩鲜艳、图幅较大的卡通画报，一边给宝宝看，一边讲画报上的卡通形象，如一只猫、一根香蕉等。经过多次练习，等宝宝对小狗、小猫、香蕉、灯、花、鸡等名字有了记忆之后，再教宝宝听到物名后用手指出来。

健康专家提醒

要注意观察宝宝的睡眠状态

在一定程度上，宝宝的睡眠状态也是身体健康状况的一种表现，因此平时要注意观察宝宝的睡眠状态，这对宝宝的健康护理和疾病预防十分重要。

身体健康的宝宝，睡眠状态有显著的特点，比如入睡后安静，睡得很踏实，呼吸声轻而均匀，面目舒展甚至还有微笑的表情，有时头部有微汗。如果宝宝睡眠时出现异常，就要分别对待。

如果宝宝晚上睡不安稳，或者不踏实，可能是白天兴奋过度；如果睡眠后出现哭闹，可能是饿了或小便后尿布湿了；有些宝宝睡眠时出现惊哭现象，可能是做噩梦所致。这些睡眠异常都属于非病理性的，对于这些现象，由于每个宝宝各自的睡眠规律和睡眠表现均不一样，妈妈可做针对性处理。

及时添加辅食的重要性

为人工喂养的宝宝添加辅助食品，对于4个月的宝宝来说是非常必要的。这不仅是为着满足宝宝营养的需求，而且还有其他方面的好处。其原因有以下几方面。

一是宝宝满4个月以后，从牛奶中获得的营养成分已逐渐不能满足生长发育的需要，必须及时添加一些食品，以补充牛奶中营养素的不足，帮助宝宝健康成长。

二是添加辅助食品，可以为宝宝以后的断乳做好准备，辅食并不完全是指在断奶时所摄入的食品，而是指从单一的母乳（或牛奶）喂养到完全断乳这一阶段内所添加的食品。

三是为了训练宝宝的吞咽能力。习惯于吃奶类（流质液体）的宝宝，要逐渐过渡到吃固体食物，这需要有一个适应的过程，这个过程要有半年或更长的时间，宝宝要先从吃糊状、细软的食品开始，最后逐步适应到接近成人的固体食物。

四是为了训练宝宝的咀嚼功能。随着宝宝的长大，齿龈的黏膜逐渐坚硬，尤其长出门牙之后，宝宝会用齿龈或牙齿去咀嚼食物，然后吞咽下去，所以及时添加辅食有利于宝宝咀嚼功能的训练，有利于颌骨的发育和牙齿的萌出。

第18周

日常护理指导

宝宝的个体差异增大

同样是第5个月，有的宝宝能吃能喝、身高体胖、活泼好动，一天仅睡十几个小时的觉，身体也没有出现过什么不适；而有的宝宝即使妈妈很长时间不喂奶，也不主动哭着要，吃起奶来也不像其他宝宝那样香甜，身体相对来说比较瘦小，睡觉不踏实，稍微有点响动就能惊醒，还有过腹泻现象。

之所以出现上述这两种现象，是因为随着宝宝体质、营养、环境、运动量等的不同，个体发育出现了差

异，而且这种差异还非常明显。这也是这一时期的宝宝明显的特征之一。

宝宝白天一般睡多长时间

一般来讲，这个时期的宝宝白天大概会有3～4次长达2个小时的睡眠，也有的宝宝同样是一次睡2个小时，但一天只睡2次。有的宝宝白天要睡5～6次，每次大约只有20分钟。这主要是因为宝宝的个体差异。无论宝宝的睡眠次数和每次睡眠的时间多么不同，只要是一天的睡眠时间能够达到14～16个小时就都属正常。

营养饮食要点

宝宝一日饮食怎样安排

在安排宝宝的饮食时，要逐渐养成良好的规律性，下面的一日饮食安排方案可供参考（母乳喂养者仍应按需哺乳）。

早晨6点：母乳或配方奶200毫升左右，鱼肝油2滴。

8点：开水或果汁30～60毫升。

10点：营养米粉10～20克，蛋黄1/4个，苹果泥15～30克。

14点：母乳或配方奶120毫升左右，南瓜泥15～20克。

16点：开水10～20克。

18点：蛋奶羹20克，鱼泥15克，胡萝卜泥5克。

22点：母乳或配方奶200毫升。

2点：母乳或配方奶200毫升。

添加辅食的注意事项

给4～5个月的宝宝喂辅食，一定要耐心、细致，要根据季节和宝宝的身体状态添加。如发现宝宝大便不正常，要暂停增加，待恢复正常后再增加。

另外，在炎热的夏季和宝宝身体不好的情况下，不要添加辅食，以免引起宝宝不适。想让宝宝顺利地吃辅食，有一个技巧，就是在宝宝吃奶前、饥饿时添加，这样宝宝就比较容易接受。

此外，还应特别注意卫生，宝宝的餐具要固定专用，除认真洗刷外，还要每日消毒。

在添加新的食物时，还应注意，刚满4个月的宝宝，主食还应是母乳或牛奶，辅食只能作为一种补充食品配合着吃。一定要在宝宝身体状况好、消化功能正常时添加。

体能智能锻炼

认知能力训练

第5个月的宝宝对周围环境的好奇

心已越来越大，而且眼手协调能力也越来越强，这时就可以进行认知能力的训练了。训练时，父母可将色彩鲜艳且带响声的玩具，从宝宝的眼前扔到一边，宝宝听到玩具发出的声音，并看到父母将他喜欢的玩具扔了，就会随声追寻。当宝宝追寻到玩具后，妈妈就要表现出惊喜的样子边说“宝宝真棒”边把玩具捡回来还给宝宝。

宝宝受到妈妈的表扬后，会更加积极地寻找玩具，准确度也会越来越高。经过多次训练之后，妈妈再把不会发出声响的绒毛玩具扔到更远的地方，进一步锻炼宝宝的追寻能力。也可以拿一只小铃铛，先在宝宝身体一侧摇响，然后当着宝宝的面把铃铛藏起来，但要露出一部分，让宝宝去找。

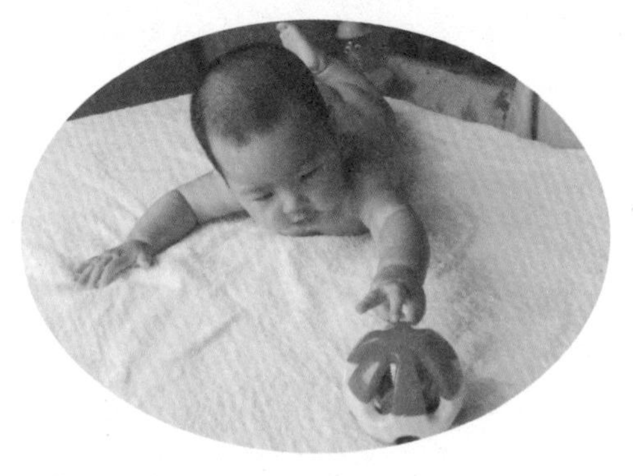

触摸感知训练

第5个月的宝宝不仅头已竖得很稳，而且视野也更加扩大，对周围环境开始表示出浓厚的兴趣。利用宝宝的这个发育特性，父母就可以对宝宝进行感知能力的训练。

在训练前，细心的父母一定要注意观察宝宝平时最爱看什么，对什么东西最感兴趣，从而找出宝宝最喜欢的东西让宝宝触摸，比如木制的玩具、铁制的玩具或绒毛玩具等。在对上述各种玩具练习触摸的基础上，再找出平绒、粗棉布、劳动布等各种材质的织物，缝成一个个垫子，垫在宝宝身下，不仅让宝宝用小手摸来摸去，还要让宝宝的身体在上面蹭来蹭去，体会和感觉各种布料的不同质感。

健康专家提醒

宝宝发生屏息怎么办

有些宝宝在大哭的时候，往往半天缓不过气来，脸憋得铁青，甚至不省人事。但很快，往往没等父母缓过神来，宝宝却在瞬间完全恢复正常。

宝宝的屏息，通常是源于愤怒、沮丧或痛楚。宝宝的哭泣在此时不仅没有缓解功能，反而逐渐加剧，甚至歇斯底里，宝宝因而换气不及，以至于暂时停止呼吸。情况较轻者，嘴唇变青；严重时会全身发青甚至昏迷。

更甚者，宝宝的身体也许会变硬，甚至抽搐，而整个过程通常在几十秒内就会结束。

对于因为屏息而晕过去的宝宝，要根据宝宝屏息原因采取相应的措施，减少甚至消除宝宝的屏息现象。首先让宝宝得到足够的休息，休息不够容易使宝宝动肝火，宝宝发脾气哭闹就可能引起屏息；对于爱使性子的宝宝，在使性子以前，想办法让其平静，利用音乐、玩具或其他转移注意力的方法（可别用食物，这只会造成另一个坏习惯）；尽可能地减轻宝宝身边的紧张氛围。出现屏息状况时，父母要冷静处理，焦虑只会让事情更糟。平时应告诉宝宝屏息不好。若宝宝屏息情况很严重，持续1分钟以上，和哭泣无关联，都应尽快去医院进行诊疗。

宝宝湿疹不愈应以自我调理为主

湿疹是宝宝在婴儿期的一种常见病，如果在以前患病而没有照料好，到了这个月时，宝宝的头顶上就会生出一层脂肪性的疮痂，有时宝宝的脸上也会长出同样的疮痂。有的疮痂由于外皮脱落而糜烂变红，渗出露珠状的透明分泌物，甚至裂纹处还会渗出血。由于发痒，宝宝不管白天黑夜，只要一睁开眼就闹，还会难受得不停地用手抓自己的头或脸。

如果湿疹不太严重，也没有明显的体征，就暂时不要急着去看医生，因为这么小的宝宝到了医院，有可能接触到其他传染性皮肤病的患者而更不安全，更何况这些疮痂可以自然脱落，而且愈合后也不会留下瘢痕。所以，如果宝宝湿疹不愈，应以自我调理为主。

由于妈妈最了解宝宝的湿疹病情反复情况，所以要时时注意湿疹的发作情况，及时采取相应的措施。

一般有湿疹不能洗澡，也不能受日光照射，否则就会恶化。这时应适当控制洗澡的次数，尽量使用不刺激皮肤的香皂，如果觉得不用香皂对湿疹更好，最好不要再用。

外用的肾上腺皮质激素药物最好选用不含氟且浓度低的。每天使用1次，洗澡后涂少量于患处。脸上不能随便用含氟的肾上腺皮质激素药物，否则会留下瘢痕。

人工喂养的情况下，在奶粉中加一定比例的脱脂奶粉，或许会使症状减轻。但如果长时间把奶粉全部换成脱脂奶粉，可能造成宝宝营养失调，所以在全部改成脱脂奶粉时，必须在奶粉中加复合维生素。如果服用多种维生素会使症状加重，最好停用，换成果汁。

还应注意的是，要每天换枕巾，不要让湿疹沾染上化脓菌，接触面部的被子部分可缝上棉布被头并每天换洗。而且枕巾和被头要和宝宝的衣物及尿布分开来洗，洗前先用开水烫一下，然后放在阳光下晾晒消毒。冬天棉被盖得过厚，也会使瘙痒加剧，这时就应该适当调整室温或被褥。

此外，在变红糜烂处也可敷上沾有清洁凉开水的消毒纱布，每天3～4次，每次20分钟。

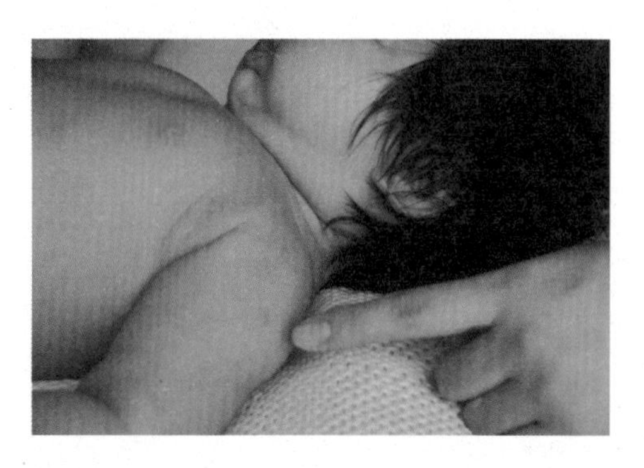

第19周

日常护理指导

把洗澡变成一件快乐的事

此时，把宝宝从婴儿浴盆挪到大浴盆里时，他可能会很不习惯，甚至产生抵触情绪。对于婴儿期的宝宝来说，洗澡也是个性形成和创造性玩耍的好机会。父母完全可以利用这个机会，采取各种方法促进宝宝的发育。

如果宝宝喜欢自由自在地坐在温水里，并对添水、倒水、拍水也感兴趣，就可以用塑料杯、小勺子等物品给宝宝演示什么东西能盛水、什么东西不能盛水以及怎样倒水和搅和水。也可以拿些能在水上漂浮的玩具，比如皮球、小船或者塑料小鸭子等，再拿些不能漂浮的小汽车、小镜子等玩具让它沉入水底。在洗澡时和宝宝

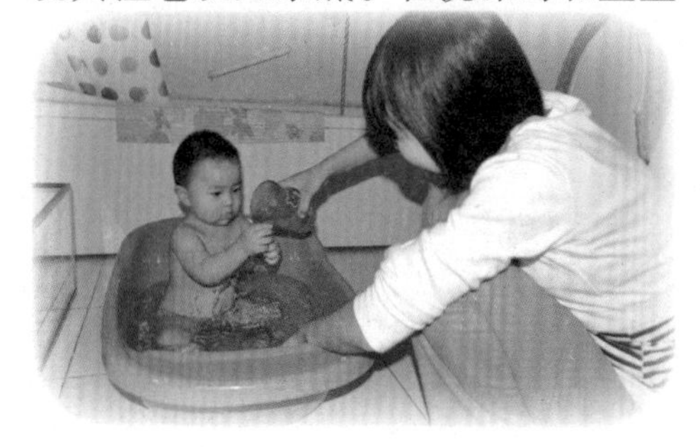

玩游戏，不仅可以大大增进洗澡的乐趣，还可以让宝宝在玩耍中学习，了解水的基本特性。

和宝宝一起洗澡

父母和宝宝一块洗澡，不仅使自己得到放松，也可以促进亲子之间的感情。如果能够充分利用和宝宝洗澡的时间，把宝宝放在你的胸脯上，一半身子露出水面，一半浸泡在水里，一边轻轻地往宝宝身上撩水，一边微笑着和宝宝说话，给宝宝哼个歌或讲个故事，也可以算作一次特殊的亲子游戏。当然，和宝宝一起洗澡，一定要选择充裕的时间，如果洗得匆匆忙忙，这种独特的放松方式也就没什么意义了。

营养饮食要点

宝宝需要补铁

这一时期，父母应该注意给宝宝补充铁剂。蛋黄、绿叶蔬菜、动物肝脏中含有较丰富的铁，但宝宝有时不能接受这些食物，要一种一种添加，从少量开始。

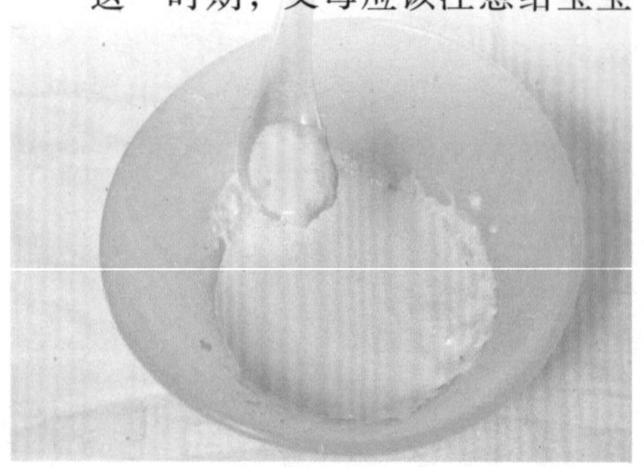

这个月可以先加1/4个鸡蛋黄，观察宝宝大便情况。如果没有异常，可以继续加下去，一周后可以添加菜汁。添加菜汁时，有的宝宝可能会腹泻，或排绿色稀便。如果不严重，可以继续加，如果严重就应立即停止。

为宝宝制作果汁、菜汁和米糊

给这个月的宝宝准备添加食品，可以参考以下办法。

■ 菜汁

材料：绿叶蔬菜500克，水适量。

制作：将蔬菜洗净后切成小块。

把水烧开，倒入切好的蔬菜，加上锅盖，大火烧开后起锅。此时，不要揭锅盖，放置半小时，滤出菜汁即可。

■ 橘子汁

材料：橘子1个，糖少许。

制作：洗净橘子，取出橘瓣放入碗中，用匙压汁，也可用榨汁器取汁。在取出的橘子汁中加入少许糖，就可喂宝宝了。

■ 米糊

材料：市售或自制的大米或小米

米粉适量，糖少许。

制作：用冷水将米粉调散、搅拌均匀。水的多少依宝宝的具体情况而定。加入糖后，在大火上煮开，要边煮边搅，然后用小火边煮边搅，10分钟左右即可做成。

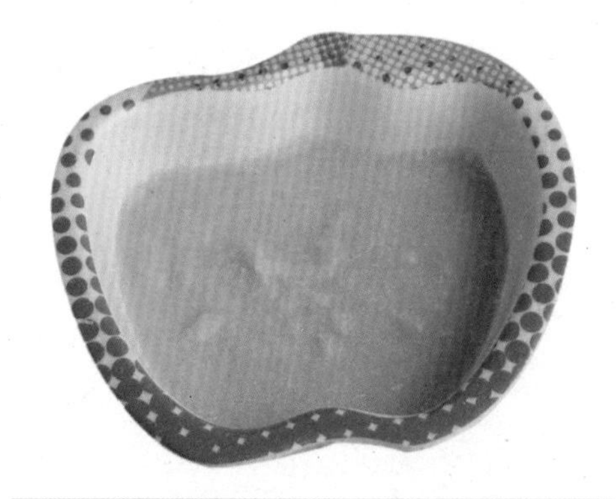

体能智能锻炼

视觉感知训练

对宝宝的视觉感知训练随时随地都可进行，在日常生活中，父母要经常把宝宝看到的物体尽量用语言来强调指出，以使宝宝能将听到、看到的与感觉到、认识到的东西联系起来。

比如宝宝喜欢看灯，父母就可把台灯拧亮又拧灭，逗引宝宝的视线落在台灯上，然后告诉宝宝这叫“灯”。说“灯”字时口型要明显，发音要准确、清晰，使宝宝把声音和发亮的物件联系起来，以后父母再说到灯时，宝宝就会准确地抬头看灯了。

听觉感知训练

训练时，父母可以先拿一些可以发出响声的玩具，弄出响声让宝宝注意。等宝宝有了反应之后，父母从宝宝身边走到另一个房间或躲在宝宝卧室的窗帘后面，叫着宝宝的名字让宝宝寻找。如果宝宝找不到，父母可以露出头来吸引宝宝，直到宝宝注意为止。

健康专家提醒

宝宝淋巴结肿大的原因

妈妈在给宝宝洗脸时，发现宝宝的耳朵后面到脖颈的部位（双侧或单侧），有小豆粒大小的筋疙瘩，用手按时，宝宝也没什么反应，不哭也不闹，好像也不痛的样子。到医院检查后才知道原来是淋巴结肿大。

淋巴结肿大在夏天特别多见，原因是宝宝头上长痱子发痒，用手搔抓时，抓破了痱子，而宝宝指甲内潜藏着的细菌，会从被抓破的皮肤侵入到宝宝体内，停留到淋巴结处。淋巴结为了不让细菌侵入，于是就发生反应出现肿大。

一般来说，这种淋巴结肿大不

化脓，也不会破溃，会在不知不觉中自然被吸收。如果发生化脓，开始是周围发红，一按宝宝就哭，说明有疼痛。父母在平时要随时观察宝宝耳后的淋巴结。如果发现淋巴结逐渐变大、数量也不断增多，就必须带宝宝去医院看了。

不能给宝宝吃咀嚼过的饭

人的口腔中常有一些细菌、病毒，这些细菌、病毒会通过被咀嚼过的饭菜传染给宝宝。宝宝的抵抗力

是比较弱的，对成人不引起疾病的细菌、病毒有时也可以使宝宝患病。如果父母患早期肝炎、肺结核或其他传染病，也是很容易传染给宝宝的。

有人曾做过实验，从一个不经常刷牙的人的口腔中，取出一些食物残渣来检验，竟发现有8亿多个细菌。而且，经父母咀嚼的饭菜口味差多了，食物的色香味全都被父母品尝了，留给宝宝的是一团烂糟糟的、味道极差的食物。宝宝经常吃这种被咀嚼过的饭菜，是会影响食欲的。另外，父母这样做也不利于宝宝咀嚼肌和下颌的发育。

因此，从饮食卫生与身体发育的角度出发，父母最好能单独为宝宝做些松、软、香的食物，让宝宝吃得既营养又卫生。

第20周

日常护理指导

宝宝该戴围嘴了

从第5个月起，有的宝宝就要开始长牙了，由于宝宝的唾液分泌增多且口腔较浅，加之闭唇和吞咽动作还不协调，宝宝还不能把分泌的唾液及时咽下，所以会流很多口水。这时，为了保护宝宝的颈部和胸部不被唾液弄湿，可以给宝宝戴个围嘴。这样不仅

可以让宝宝感觉舒适，还减少了换衣服的次数。围嘴可以到婴儿用品商店去买，也可以用吸水性强的棉布、薄绒布或毛巾布自己制作。值得注意的是，不要为了省事而选用塑料及橡胶制成的围嘴，这种围嘴虽然不怕湿，但对宝宝的下巴和手都会产生不良影响。宝宝的围嘴要勤换洗，换下的围嘴每次清洗后要用开水烫一下，最好能在太阳下晒干备用。

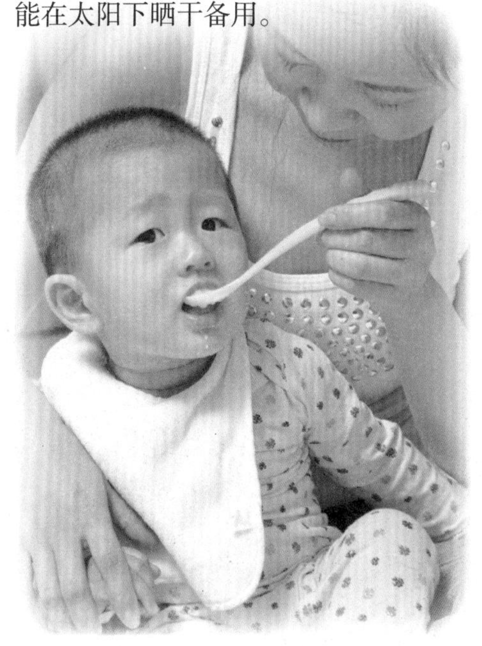

帮宝宝学会使用杯子

5个月的宝宝，小手已经能抓握东西了，父母不妨试着让宝宝使用杯子喝水。一是让宝宝掌握一项技能，使宝宝学到除了乳头和奶瓶外，还有另一种吸取水分的途径。二是方便喂养，当妈妈不能喂乳，或是奶瓶不在手边时，也一样有办法喂食宝宝牛奶、果汁等液体。三是宝宝比较容易接受新生事物，当然也就容易接受杯子，如果等宝宝长大了再教他用杯子，宝宝的抗拒心理就大了。因为宝宝那时会感觉到，使用杯子代表他必须放弃已经习惯的奶瓶或乳头。要想使宝宝接受杯子，至少要花上数周到数个月的时间。

帮宝宝学会使用杯子要做到以下几点：

选用安全的杯子　最好是打不破的，而且是比较轻便的，但不要选择塑料杯子、纸杯，因为这类杯子含有化学成分而且消毒可能不达标。

选用宝宝喜爱的杯子　父母先选择几个杯子，然后分别拿给宝宝用。在用的过程中，就可以发现宝宝喜欢哪个杯子了，以后就拿这个杯子让宝宝使用。这样宝宝学习使用杯子的兴趣就大，学得就快。

选择适合的饮料　宝宝开始使用杯子时，喝的东西最好从水开始，也可喂母乳或婴儿配方奶，或稀释的果汁。有些宝宝接受杯中的果汁，却不喝杯中的牛奶，有些宝宝则完全相反。

一次啜一些的方法　用杯子喂宝宝时，杯中先倒一点饮料，喝完再倒，这样既好喂又不至于从宝宝的嘴边流出。

鼓励宝宝参与　用杯子喂宝宝时，宝宝肯定会和父母抢抓杯子，似乎在逞能“我自己也能来”，这时候就让宝宝试试，不要怕宝宝打翻杯子，这是必经过程。

营养饮食要点

给宝宝吃水果的学问

水果既好吃营养又高，在宝宝进入5个月后，给宝宝补充点水果是很必要的，但选择水果也有学问。对婴儿来说，消化系统的功能还不够成熟，吃水果尤其要注意，免得好事变成坏事。

一般适合宝宝的水果有：苹果、梨、香蕉、橘子、西瓜等。苹果有收敛止泻的作用；梨有清热润肺的作用；香蕉有润肠通便的作用；橘子有开胃的作用；西瓜有解暑止渴的作用。

宝宝身体状况好的时候，可以每天选择1～2样水果，做成水果泥喂给宝宝。宝宝身体不适时，可以根据宝宝的状况合理选择水果，这样不仅可以补充营养，而且起到治病和帮助恢复的作用。

如宝宝大便稀薄时，可用苹果炖成苹果泥喂给宝宝，有涩肠止泻的作用；如宝宝有上火现象时，可用梨熬成梨汁喂给宝宝，有清凉下火的作用。

给宝宝吃水果时，也要掌握量的问题，要知道吃水果过多也会致病的。喂水果要适可而止、细水长流。比如香蕉，甘甜质软，喂食又方便，宝宝特别喜欢吃，因此，最容易造成宝宝过食过饱，会出现腹胀便稀，影响胃肠道功能。

辅食的制作要点

辅食关系着宝宝的营养和健康，在为宝宝准备辅食时，需掌握以下要点：

清洁　准备辅食所用的案板、锅铲、碗勺等用具应当清洗干净，用沸水或消毒柜消毒后再用。

选择优质的原料　制作辅食的

原料最好是没有化学物污染的绿色食品，食物要尽可能新鲜，并仔细选择和清洗。

单独制作　宝宝的辅食一般都要求细烂、清淡，所以不要将宝宝辅食与成人食品混在一起制作。

用合适的烹饪方法　制作宝宝辅食时，应避免长时间烧煮、油炸、烧烤，以减少营养素的流失。应根据宝宝的咀嚼和吞咽能力及时调整食物的质地，也要根据宝宝的需要来调味，不能以成人的喜好来决定。

现做现吃　隔顿食物的味道和营养都大打折扣，且容易被细菌污染，因此不要让宝宝吃上顿剩下的食物。为了方便，在准备生原料（如肉糜、碎菜等）时，可以一次多准备些，然后根据宝宝每次的食量，用保鲜膜分开包装后放入冰箱保存。注意这样保存的食品，食用时间也不宜超过3天。

体能智能锻炼

可供玩耍的玩具

宝宝5个月时，为了进一步加强其全身和四肢的活动，促进个性方面的发育成长，父母就应该多和宝宝一

起游戏玩耍。宝宝的玩耍需要适合的玩具，对于5个月的宝宝来说，不同材质的绒毛玩偶、铁皮制成的小汽车、积木、色彩鲜艳的脸谱、塑料图形玩具、风铃、彩色小摇铃以及拨浪鼓等玩具比较适合，因为它们有助于宝宝各种感官的发育。

训练宝宝的音乐记忆力

第5个月的宝宝，对音乐已经具有初步的记忆力，不仅能够表现出明显的情绪，并对音乐有了初步的感受能力，可以配合着音乐的节拍摆动四肢。这个月的宝宝特别喜欢节奏明显的儿歌，虽然他还不懂儿歌的意思，却喜欢儿歌那欢快的节奏和有韵律的声音。

在音乐记忆力训练中，最有效的方法就是让宝宝反复听一首儿歌，如果有条件的话，可用画有相应形象的

彩色图片或实物与儿歌配合，比如给宝宝放《小蝌蚪找妈妈》的音乐，并让宝宝看这些图片，父母做相应的解说，这样就可以做到声、物、情融为一体，极大地调动宝宝的兴趣和愉快的情绪，使记忆力得到最大限度的强化。此外，还应给宝宝听一些模仿动物的叫声或生活中、大自然中的各种音响，以丰富宝宝的音乐范围。

健康专家提醒

宝宝出水痘的症状及护理

水痘是一种常见病、多发病，有很强的传染性，多见于冬春季节。宝宝出水痘时，如果没有其他并发症，一般对身体不会有太大的影响。通常病初发热时，宝宝精神委靡不振、嗜睡。由于出水痘的部位有点痒，宝宝会烦躁不安，易哭闹。有时因为瘙痒难耐，宝宝会经常用手去抓挠。

护理出水痘患儿的关键，是不要让宝宝用手去抓水疱。注意及时给宝宝剪指甲，保持手的清洁，必要时可戴上手套或用布包住手，以防宝宝抓破后造成感染。如果个别的水疱已抓破，应咨询医生，外用消炎药膏，避免感染。

由于出水痘，宝宝的食欲很差，因此，应给宝宝准备易消化的食物，多吃富含维生素C的水果、蔬菜，比如苹果、桃和西红柿等。出水痘期间，不要带宝宝去公共场所，防止宝宝受到其他感染。如果宝宝出现高热、咳嗽和抽搐等现象，应尽快到医院诊治。

发生肠套叠时有哪些表现

宝宝发生肠套叠时表现为，突然哭闹不安，两腿蜷缩到肚子上，脸色苍白，不肯吃奶，哄也哄不好，3～4分钟后，突然安静下来，吃奶、玩耍都和平常一样。刚过4～5分钟，又突然哭闹起来。如此反复不断，时间长了，宝宝精神渐差，嗜睡，面色苍白。有的宝宝腹痛发作不久后即呕吐，把刚吃进去的奶全吐出来，呕吐物中可含有胆汁或粪便样液体。

肠套叠的另一个特征是，宝宝一开始不发热，但随着时间的推移，引起腹膜炎后就会出现发热。如果发现宝宝有不明原因的哭闹，且呈阵发性，并伴有阵发性面色苍白，就可怀疑有肠套叠，应赶快到医院请医生检查。

第六章

21～24周　宝宝坐起来了

第21周

日常护理指导

做好宝宝睡前的必修课

如果宝宝到了睡觉时间不按时睡觉，将会打破睡眠规律，因此，要让宝宝知道到了睡觉的时间就不能再玩了，应该安安静静地睡觉，父母要和宝宝做好睡前的功课，并设定宝宝睡前的程序，这很重要。

为了鼓励宝宝夜里睡长觉，最好和父母的作息时间一致，父母每晚都进行同样的程序。喂完最后一次奶或辅食，但最好不应是主餐，给宝宝暖暖地洗个澡，然后换上睡衣，抱他玩一小会儿，也可以根据宝宝的习惯哼个摇篮曲或讲个故事，但不要过多嬉闹，然后把宝宝放到小床上。还可以在宝宝身边放一些他所熟悉并使他觉得舒服和安全的绒布玩具之类的东西，再把灯关得暗一些，和宝宝说声晚安后，最后再安静地陪宝宝坐一两分钟，看宝宝睡着就可轻轻地走出房间了。

宝宝胎毛基本已脱落

宝宝进入5个月时，后脑勺上的头发几乎已脱尽，枕头上沾满宝宝细软的胎毛，而前半部和左右两边，还有点胎毛。这个时期正是胎毛脱落时期，后脑勺因为经常触碰枕头，所以胎毛脱落最明显。宝宝只有脱尽胎毛，才会有质感不同的新头发生成。到时候，有的宝宝或许长出一头乌黑浓密的黑发；有的宝宝或许有一头带卷稍黄的头发。一般来说，发质是由遗传、营养、疾病等因素决定的。宝宝胎毛脱落时期，注意不要让脱落的胎毛掉到宝宝的嘴里。

营养饮食要点

宝宝所需的营养素

营养素是宝宝生长发育不可缺少的物质。宝宝的营养素开始是由母体供给，到了五六个月时，就要从食物中摄取，但并不是摄取得越多就越好，这要有一个量，而且各种营养素的量，还要按照宝宝身体的生长发育程度来定。下面以一天中宝宝营养素的摄取为例：

热量　5个月的宝宝所需的热量多从母乳或奶粉中得来，如果宝宝需要补充热量，必须从辅食中摄取。以后再慢慢地从固体食物中摄取。

蛋白质　肉、鸡、鱼、乳酪、优酪乳和豆腐含有优质蛋白质，可把这些做成宝宝能吃的食品喂给宝宝，但一次不要太多，应给宝宝调剂着吃。

钙　母乳及配方奶粉能提供给宝宝足够的钙质，不过宝宝吃母乳及牛奶会越来越少，所以应该给宝宝补充富含钙质的固体食物，如乳酪、优酪乳、全脂牛奶、豆腐等。约1杯全脂牛奶或母乳就足够半岁以内宝宝的钙质所需。

谷类和其他碳水化合物　一天给宝宝吃2～4匙谷类食品，就能提供给宝宝基本的维生素、矿物质及蛋白质。谷类食物有全谷类麦片、米片、粥或面条等。

黄绿色蔬菜和水果　2～3大匙的南瓜、地瓜、胡萝卜、西蓝花、甘蓝菜、杏、桃等做成的果蔬泥；或1/4杯甜瓜、芒果和水蜜桃汁，可以给宝宝提供均衡的维生素A。

维生素C　只要1/5杯加有维生素C配方的婴儿果汁或橙汁、葡萄柚汁，或是1/5杯甜瓜汁、芒果汁、西兰花汁，就可为宝宝提供充足的维生素C。

不能用水果替代蔬菜

水果是宝宝喜爱吃的食物，而且维生素含量不少，其功用是相当大的。但从矿物质含量来说就不如蔬菜多。蔬菜泥中包含许多矿物质元素，它们对人体各部分的构成和功能，具有重要作用，像钙和磷是构成骨骼和牙齿的关键物质；铁是构成血红蛋白、肌红蛋白和细胞色素的主要成分，是负责将氧气输送到人体各部位去的血红蛋白的必要成分；铜有催化血红蛋白合成的功能；碘则在甲状腺功能中发挥着必不可少的作用。

因此，不要认为已经给宝宝喂过水果就不需要蔬菜了，这是不科学和不可取的。应该给宝宝既喂水果，又喂蔬菜，两者不能相互代替。

体能智能锻炼

尽管从第4个月就开始对宝宝进行大小肌肉运动能力的训练，但这种训练到了第5个月还应该继续，以逐渐加强宝宝全身肌肉的运动能力。

脚部训练

宝宝的下肢较短而且腿部柔软，一抬腿可到达脸部，有时甚至把大脚趾抱起来吸吮。这时可以让宝宝练习仰卧抬腿的动作，在宝宝脚部的上方放些玩具让他踢。也可以用两手扶着宝宝的腋下，让宝宝站在你的大腿上，使宝宝保持直立的姿势，引逗宝宝双腿跳动，每日反复练习几次。此外，还可以多做有利于下肢活动的婴儿体操。

健康专家提醒

预防夏季热病

夏季热病多发生在4～8个月的宝宝身上，其中6～7个月的宝宝得此病比较多。宝宝满一周岁后，就几乎不得了。

夏季热病的症状是，宝宝从半夜开始发热，天亮时热到38～39℃，有时甚至热到40℃。一般中午开始退热，下午可恢复常温。如果不给宝宝改变生活环境，这样的状况甚至会持续1个月，但一进入9月份，宝宝就全好了。

引起夏季热病的原因至今不明，大概是由于宝宝体内调节体温的某些功能失调引起的。住在通风不好、阴面房间里的宝宝发病率相对高一些。

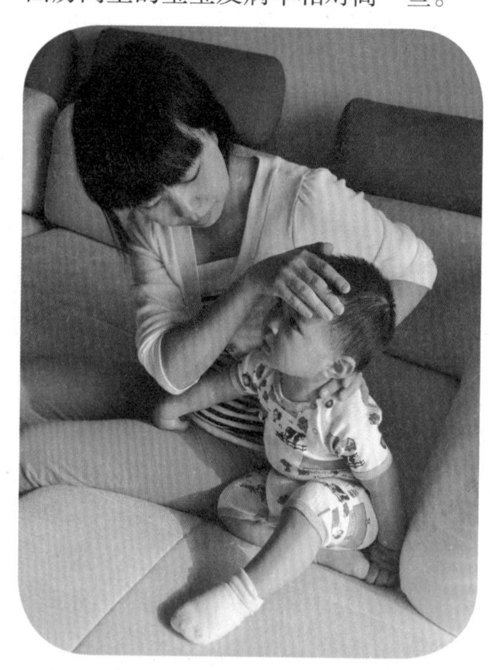

给宝宝洗澡要注意安全

在洗澡前，除了注意浴盆里的水不要太多，并检查一下水温是不是合适之外，还要做些必要的物质准备，比如海绵或毛巾、婴儿浴液、洗发精、尿布和干净衣服等，还应特别准备一个防滑的浴盆垫和防止洗发精流进宝宝眼睛里的护脸罩，给宝宝洗澡第一要注意的应该是安全。

为了避免在给宝宝洗澡时出现意外，最好采取以下预防措施，即把所有要用的东西都放在浴盆边的地上，并把防滑垫放在浴盆里。洗澡时，妈妈也要坐个小凳子扶着宝宝，以免时间长了支持不住。先把护脸罩给宝宝带上，因为这个月的宝宝还太小，哪怕是最柔和的洗发精也会对宝宝的眼睛产生刺激，再加上此时的宝宝还不懂得自我防护，当水流或洗发精从头上流下来的时候，也不会自动闭上眼或低下头。

洗完之后就在原地给宝宝换衣服，千万不要把湿漉漉、滑溜溜的宝宝抱到椅子或什么光滑的物体上，以免摔着宝宝。此外，还应注意的是，在整个洗澡过程中，都不要让宝宝一个人待在浴盆里，即便他已经会坐了也不行。

第22周

日常护理指导

宝宝的身体有了协调能力

宝宝5个月了，白天的睡眠时间明显减少，只要吃饱奶，身体就一刻不停地在活动。

仰卧时，宝宝会把双脚高高举起，试图去踢吊起的小玩具；有时又会把双脚交叉起来，来回搓自己的小脚丫，而且小手也不闲着，会一伸一伸地去抓自己的脚指头。俯卧时宝宝的上身能完全抬起，头也能挺得很直，并且还能坚持几分钟。把

宝宝抱起来时，宝宝的小脑袋开始东张西望，能转动得比较自如了，看东西的眼神也有了内容，看见亲近的人或鲜艳的物品，就会发出喜悦的笑声。如果扶住宝宝的腋下，让宝宝站立，宝宝也能支撑自己身体部分的体重，也能稍微控制住身体的摆动。

要注意宝宝服装的安全性

对于刚刚5个月的宝宝来说，由于还不能有意识地控制自己的活动，所以服装的安全性还是非常重要的。

宝宝长到第5个月时，已经能自己动手往嘴里喂东西，即使抓住衣服上的扣子，也会本能地放进嘴里。因此，给这个月龄的宝宝准备衣服时，最好不要钉扣子，以免被宝宝误食。如果有的衣服有钉扣子的必要，除了考虑扣子的位置不至于硌伤宝宝之外，父母还要多费一些心思和时间，经常检查扣子是否牢固。另外，宝宝衣服上的装饰性的小球之类也一定要去掉。此外，还有一点要引起注意，那就是还要经常检查宝宝的内衣裤上，是否有脱下的线头。

营养饮食要点

宝宝半夜索食的应对策略

统计发现，有1/3的宝宝在半夜会醒来索食，这种情况往往是由父母造成的。原因是白天喂得越勤，宝宝在夜间照旧越想吃。这种现象在母乳喂养的宝宝身上最普遍。由于宝宝一哭就喂，这样宝宝就被训练成“吃零食者”，喂量少，但次数增多。

父母在宝宝很小的时候就要注意预防宝宝夜间索食。如果已经养成这一毛病，首先就要拉长宝宝白天两次喂食的时间，一般每隔4小时喂1次。宝宝到6个月时，可喂3次，中间可加1～2次少量的“零食”。

让宝宝愉快地进食

宝宝已经吃惯了乳汁，习惯了奶嘴，应该怎样让宝宝接受辅助食品和小匙喂养呢？这里也有技巧问题。

首先，应该在宝宝状况良好的情况下喂食。要平心静气、面带微笑，营造出愉快的进食气氛，要用亲切的话语和欢乐的情绪感染宝宝，使宝宝乐于接受辅食。

其次，辅助食品应在喂了一半母

乳或配方奶的时候，在宝宝半饱的状态下喂，这样，宝宝比较容易接受。另外，每次添加一种新食物都要从一勺开始，在勺内放少量食物，引诱宝宝张嘴，然后轻轻放入宝宝的舌中部，食物温度应保持室温或比室温略高一些。

大多数的宝宝能很快接受新的食物，而有些宝宝对于一种新的食物，常常要经过10～20次的尝试之后才接受。因此，父母一定要有耐心。同时，在给宝宝添加辅助食物时，应注意观察宝宝的进食反应及身体语言。如果宝宝肚子饿了，看到食物时就会兴奋得手舞足蹈，身体前倾并张开嘴。相反，如果宝宝不饿，就会闭上嘴巴，把头转开或者闭上眼睛，这时，就不要强行给宝宝喂食了。

体能智能锻炼

帮助宝宝练习坐立

将宝宝放在有扶手的沙发上或椅子上，让宝宝练习靠坐，如果宝宝自己靠坐有困难，要先用手扶住宝宝，等宝宝坐得比较稳了再把手拿开。这样的靠坐练习，每日可连续数次，每次10分钟左右。

教宝宝认识自己

培养和训练宝宝的认知能力，不仅要让宝宝认识身边的事物，还要让他认识自己。

用照片教宝宝认识自己　虽说宝宝刚刚6个月，但肯定照了不少照片。这时，这些照片就成了教宝宝认识自己的好材料。父母可以对着照片教宝宝认识他的整体形象，也可以教宝宝分别认识他的手、脚和其他部位。

通过穿衣镜教宝宝认识自己　可以将宝宝抱到穿衣镜前，用手指着宝宝的脸，并反复地叫宝宝的名字，或者指着宝宝的五官以及头发、手、脚等部位让宝宝认识。宝宝通过镜子看到妈妈所指的部位，听到妈妈的声音，慢慢就会懂得头发、手、脚、眼睛、耳朵、鼻子和嘴等词汇的含义。再过几个月，就可以进一步和宝宝玩“妈妈说什么，宝宝自己指什么”的游戏了。如妈妈说“嘴”时，宝宝就会很快地把手指指向自己的嘴巴。

健康专家提醒

分清中耳炎与耳垢湿软

如果发现宝宝的耳垢不是很干爽，呈米黄色并粘在耳朵上，父母就会担心宝宝是否患了中耳炎。其实，还有一种情况叫作耳垢湿软，和中耳炎是有区别的。

患中耳炎时，宝宝的耳道外口处会因流出的分泌物而湿润，但两侧耳朵同时流出分泌物的情况很少见。并且，流出分泌物之前宝宝会有一点发热，且出现夜里痛得不能入睡等现象。

天生的耳垢湿软一般不会发生在一侧的。耳垢湿软大概是因为耳孔内的脂肪腺分泌异常，不是病。一般来说，肌肤白嫩的宝宝比较多见。宝宝的耳垢特别软时，有时会自己流出来，可用脱脂棉小心地擦干耳道口处。但千万不可用带尖的东西去掏宝宝的耳朵，以免碰伤耳朵引起外耳炎。一般有耳垢湿软的宝宝长大以后也仍然如此，只是分泌的量会有所减少。

预防传染性疾病

6个月以后，宝宝从妈妈那里带来的免疫抗体，因分解代谢逐渐下降以至全部消失，再加上此时宝宝自身的免疫系统还没发育成熟，免疫力较低，因此就开始变得比以前爱生病了。

宝宝最容易患有各种传染病以及呼吸系统和消化系统的其他感染性疾病，尤其常见的是感冒、发热或腹泻等。所以，预防传染病和各种感染性疾病，就成了此时父母在宝宝日常护理中的主要内容之一。

第23周

日常护理指导

日常护理要谨防事故

第6个月既是宝宝手的握力增加，并学会翻身、会爬，甚至会坐的时候，同时也是最容易发生意外的时候，所以在日常护理中一定要加倍注意宝宝的安全。

由于宝宝的抓握能力增强，父母一定要特别注意玩具和环境的安全。千万不要把药品、洗涤用品等物品放在宝宝能抓到、摸到的地方，以防误食中毒；盛好的热粥、米糊、菜汤等也不要放在宝宝能摸到的地方，以免烫伤宝宝。

这个月宝宝的腿脚力量逐渐增大，应在床下铺上毛毯或地毯，以免宝宝直接摔到地上。这样，宝宝即使从小床摔到地上，就是碰着脑袋也不会有什么大的危险，但如果不慎碰到金属器具等，就会造成不必要的伤害，还有可能留下终身瘢痕，所以，宝宝的床边或床下都不要放置铁制的玩具、电熨斗或暖水瓶等物品，以免发生意外。

在天气暖和的时候，许多父母都会用婴儿车推着宝宝到室外玩耍，即使婴儿车前一天才用过，第二天出门前也必须进行严格的“车体检查”，以免因车子的任何部件，特别是车轴、刹车闸等部位出现故障发生意外。

宝宝开始学说话了

这时候的宝宝，语音越来越丰富，还试图通过吹气、咿咿呀呀、尖叫、笑等方式来“说话”。父母说话时，宝宝的眼睛会盯着看，并学着爸爸妈妈的样子发出“喀、喀”的声音，宝宝还会练习使用他的小舌头，将它伸出嘴唇外发出“呸呸”的爆破声，而且语音越来越熟练。

这是因为宝宝发现人们在交流时，使用不同的声音，所以宝宝希望用他的这种声音和方式，吸引爸爸妈妈的注意力，多抱抱他，多和他亲热亲热。

营养饮食要点

辅食添加的变化

这个月的宝宝，消化酶分泌逐渐完善，已经能够消化乳类以外的一些食物了。为补充宝宝乳类营养成分的不足，满足其生长发育的需要，并锻炼宝宝的咀嚼功能，为日后的断奶做准备，6个月的宝宝可以添加以下辅食了：

半流质淀粉食物　如米糊或蛋奶羹等，可以促进宝宝消化酶的分泌，锻炼宝宝的咀嚼和吞咽能力。

蛋黄　蛋黄含铁量高，可以补充铁剂，预防宝宝发生缺铁性贫血。开始时先喂1/4个为宜，可用米汤或牛奶调成糊状，用小勺喂食1～2周后增加到半个。

水果泥　可将苹果、桃、草莓或香蕉等水果，用匙刮成泥（市场上也有婴幼儿吃的水果泥）喂宝宝，先喂一小勺，逐渐增加量。

蔬菜泥　可将土豆、南瓜或胡萝卜等蔬菜，经蒸煮熟透后刮泥喂给宝宝，逐渐由一小勺增至一大勺。另外，还可增加鱼类，如平鱼和黄鱼等。此类鱼肉多、刺少，便于加工成肉末。鱼肉含磷脂、蛋白质很高，并且细嫩易消化，适合宝宝发育的营养需要。但一定要选购新鲜的鱼。

给6个月的宝宝喂食时，父母一定要耐心、细致，要根据宝宝的具体情况加以调剂和喂养。除了要按照由少到多、由稀到稠、由细到粗、由软到硬、由淡到浓的原则外，还要根据季节和宝宝的身体状态进行添加。

给宝宝适当的味觉刺激

由于许多妈妈担心宝宝的心脏、肾脏功能发育不完善，不敢让宝宝品尝咸、酸、甜、油的食物，因此，许多宝宝长到1岁了还不识五味，尽管未额外添加盐、糖、醋、油等调味品，宝宝的营养也不会缺乏，但添加少许盐、糖、油也不意味着宝宝长大后，就一定会成为一个高血压病、肥胖、糖尿病的患者。实际上，适当的味觉刺激能够调动宝宝的食欲，甚至可让宝宝更快乐。

体能智能锻炼

触摸感知训练

第6个月宝宝的感官正处于逐步发育成熟的阶段，所以父母在训练宝宝的智力时，还要进一步通过游戏等方式增强宝宝的感官刺激。

在增强宝宝的感官刺激中，对听觉的刺激是最基本的，并且可以在日常生活中随时进行。比如，当父母打开电视机、开动吸尘器、往浴缸中放水、热水壶响起、门铃或电话响起时，当飞机从天空飞过、鸽子的哨音或消防车在街上疾驶经过时，都可以亲切而清晰地告诉宝宝这是什么东西发出的声音，同时将相应的物体指给宝宝看。这样做不仅会让宝宝对声音的反应更加敏锐，而且有助于宝宝认识和记忆更多的词汇。同时，父母在重复告诉宝宝那些东西的名称时，口形的变化还会刺激宝宝的模仿力，进而激发宝宝的发音和语言能力。

撕纸游戏

游戏时，先选择一些色彩鲜艳而且干净、质地柔软的纸，然后让宝宝撕。开始时可以任意让宝宝撕，什么形状都无所谓，目的主要是锻炼宝宝手部肌肉的力量和手部的灵活性。

玩几次以后，妈妈可以把纸撕成三角形、圆形、方形，摆放在宝宝面前给他看，并告诉宝宝是什么图形。尽管宝宝此时还不能区分这些形状，但这个游戏既可以作为一种视觉的体验，又可以增强宝宝对简单图形的记忆储存。

健康专家提醒

注意造成宝宝营养不良的几种原因

营养不良是婴幼儿常见的疾病，1岁以下的婴幼儿发病率较高。除了如早产、双胎、巨大儿、先天畸形等先天因素之外，绝大部分的宝宝营养不良，基本上是后天的喂养有问题，尤其是辅食添加不合理所造成的。常见的有以下几方面的原因：

添加辅食过早　有的父母在宝宝刚到2个月或3个月时，就给宝宝添加辅食，加重了宝宝消化功能的负担，消化不了的辅食不是滞留在腹中“发酵”而造成腹胀、便秘、厌食，就是增加肠蠕动，使大便量和次数增加，最后导致腹泻进而造成宝宝营养不良。因此，切忌过早给宝宝添加辅食。

添加辅食过晚　有些父母怕宝宝消化不了，对添加辅食过于谨慎。宝宝早已过了5个月，还只是吃母乳或牛奶、奶粉。此时的宝宝从母体中获得的免疫力已基本消耗殆尽，而自身的抵抗力正需要通过增加营养来产生，若不及时添加辅食，宝宝不仅生长发育会受到影响，还会因缺乏抵抗力或营养不良而导致疾病。因此，宝宝在5个月的时候，就要开始适当添加辅食了。

辅食添加过滥　宝宝虽然能吃辅食，但消化器官毕竟还很稚嫩，父母不能操之过急，应根据宝宝消化功能的具体情况逐渐添加。如果任意添加，同样会造成宝宝消化不良。

因此，在给宝宝添加辅食的时候，也要根据辅食的营养构成和宝宝身体的实际需求，有选择地添加。

哪些宝宝应当补铁

贫血主要是随着宝宝日渐长大，母体里带来的铁及母乳中铁的不足而引起的，也有宝宝出生后有缺陷或后天护理不当而引起的贫血。

有些宝宝生下来即贫血，一般有3个原因：一是因造血系统有问题而贫血；二是有遗传性疾病而致贫血；三是妈妈本身在怀孕时体内铁的储存不够，也会使宝宝生下来即缺铁，加之日后新陈代谢异常，进而影响铁的吸收而贫血。

另外，早产儿常会有铁缺乏的现象，属于因先天不足而导致贫血。

对于上述原因引起贫血的宝宝，在日常护理中更要注意补铁。父母要随时注意观察宝宝的身体状况，必要时要给宝宝做血红蛋白检查，因

为患有轻微贫血的宝宝从外表是看不出来的。如果宝宝体内血红蛋白水平过低，表示患有贫血，应当及时补充铁，进食含铁量高的食物。比如加铁的婴儿配方奶粉、含铁的米粉或含铁的维生素滴剂等。同时，还要补充富含维生素C的食物，比如西红柿汁、菜泥等，以增加铁的吸收。此外，当宝宝开始吃固体食物后，也要多喂食含大量铁的食物，如鸡蛋黄、米粥、菜粥等，注意避免过多食糖，因食糖会阻碍人体对铁的吸收。

第24周

日常护理指导

进行排便训练

宝宝的排便训练虽然从上个月就开始了，但由于养成良好的排便习惯并不是一件容易的事，这个月仍然要对宝宝进行排便训练，但训练时排尿和排便必须区别开来。

排便时，有的宝宝由于大便干硬，需用劲才能排泄出来，因此在大便时，往往显出与平时不同的表情，当看到宝宝憋足力气时，妈妈就能预感到宝宝要大便了。而对于大便顺畅，排便一点不费劲的宝宝，妈妈就难以把握时间了，有时闻到气味才发觉宝宝已经排便了。

如果能根据几个月的摸索算好时间，或看到宝宝有异常表情，又加上快到排便时间时，就要让宝宝坐便盆，也许有时宝宝能顺利配合，但多数情况是不能令人满意的。宝宝排尿也是如此，如果宝宝定时定量吃奶，且只在洗浴后才喝果汁，而且一般排尿时间间隔较长，定时排尿成功率较高。如果宝宝一天要排10～15次尿，大多数都会不成功，即便偶尔有1～2次成功，也离养成习惯相差甚远。

所以，父母在训练宝宝排便上一定要耐心细致、持之以恒，多次尝试。每隔一段时间把一次尿，每天早上或晚上把一次大便，让宝宝形成条件反射，逐渐形成良好的排便习惯。

注意宝宝的心脏杂音

心脏是人体里的重要器官，心脏问题有时不仅出现在成年人身上，而且也会出现在婴幼儿的身上。心脏杂音是婴幼儿时期容易出现的一种现象。

对大多数宝宝来说，这种心脏杂音是身体尚未完全发育成熟所致。病理性杂音可由医生用听诊器测出，没有必要做进一步的测验或治疗。通常当宝宝心脏发育完成后，杂音也就自然消失了。如果宝宝已经到了心脏发育完全期仍然有杂音，这就需要做进一步的检查、追踪、治疗。因为心脏杂音的情况各有不同，有些心脏杂音会慢慢地消失；而有些心脏杂音提示身体疾病，需要通过手术进行治疗或进行其他治疗。因此，如果宝宝有心脏杂音，父母一定要去医院及时与医生沟通，积极寻找治疗的办法和措施，以使宝宝早日康复。

营养饮食要点

宝宝能否断奶

给宝宝断奶到底应该从什么时候开始，对此并无硬性规定，正确的做法是根据宝宝的具体情况来定。有的宝宝虽然已经到了断奶的时期，但不喜欢吃牛奶以外的其他食品。父母在喂宝宝的时候，宝宝会用舌头将喂进嘴里的东西吐出来，反复喂都喂不进去，这时，就不要再硬给宝宝喂食了。这就说明，宝宝现在开始断奶还为时过早。

若是宝宝看见其他人吃东西就跃跃欲试，或伸手去抓盛着米粥的勺子，表现出很想要的样子时，就可以慢慢地开始给宝宝断奶了，而且过程会比较顺利。

总之，能否成功断奶，并不在于宝宝已经长到5个月或6个月，体重已达到6千克或是7千克，而是取决于宝宝自身是否有想吃辅食的愿望。如果

无视宝宝的主动性，父母的辅食做得再好，也不会成功地实现让宝宝断奶的目的。

预防宝宝食物过敏

预防宝宝食物过敏，应注意以下事项。

宝宝出生后，最好母乳喂养。母乳中含有多种有预防过敏作用的免疫球蛋白及抗体。且母乳喂养的宝宝饮食单纯，基本不吃杂食，这对预防食物过敏也有好处。哺乳的妈妈，除注意营养外，最好也不要吃致敏食物。用牛奶喂养的宝宝，如出现过敏，应立即停用，改以羊奶、豆浆、代乳粉等喂养。

对未满周岁的宝宝，不宜喂鱼、虾、螃蟹、其他海产品、蘑菇、葱、蒜等易引起过敏的食品。在增加新食物时，一定要遵循每次只添加一种的原则。每添加一种新食物时，要注意观察有无出现过敏性反应，如皮疹、瘙痒、呕吐、腹泻等。一旦出现过敏反应，应停止此食物一段时间，然后再试用。切忌多种食物同时增加，导致分辨不清过敏原。

喂食后，应立即将宝宝口角周围的残余食物汁液擦拭干净，以免食物残汁引起皮肤接触过敏。

体能智能锻炼

培养宝宝的爱心

父母从小就要培养宝宝的爱心，这对宝宝长大以后形成社会亲和性具有重要意义。用游戏和玩具培养宝宝的爱心可参考以下方法。

父母可以给宝宝买一些柔软的绒毛玩具，比如小熊、小狗和娃娃等，鼓励宝宝温柔地对待玩具，和玩具一起做游戏。也可以教宝宝怎样抱绒毛玩具，并示范给宝宝看。这时的宝宝已经有了很强的模仿力，父母的教导会让宝宝学会彬彬有礼和善意待人。经过这样的游戏，宝宝很快就会“照顾”他的玩具。需要注意的是，给宝宝抱着的玩具一定要符合卫生标准，并要经常洗涤，以免玩具里的细菌和病毒感染宝宝。

提高宝宝人际交往能力的最佳时机

半岁后的宝宝还没有形成心理学上所谓的“害羞情结”，所以大多数宝宝的性格都很外向。这个月龄的宝宝喜欢接近熟悉的人，并能分出家里人和陌生人，但对父母之外的其他人，也会以微笑或张开胳膊等各种不同的方式表示友好。所以，父母要抓住这个大好时机，经常抱宝宝到邻居家串门或到街上去散步，让宝宝多接触各类人物，尤其是让宝宝多和其他小朋友玩，这样不仅可以为宝宝提供与他人交往的环境，也能够利用与他人交往的时机教宝宝一些社交礼仪，如挥手道别、道谢等。

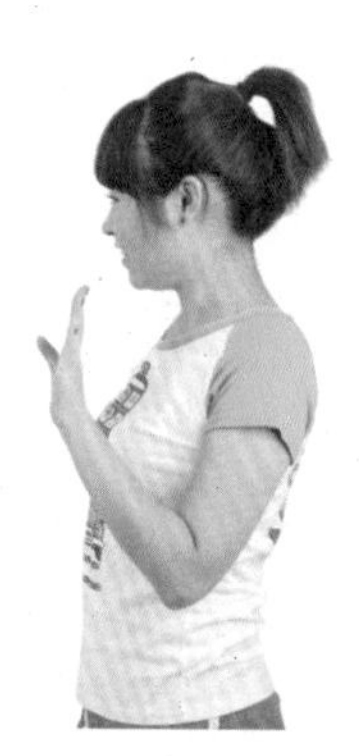

健康专家提醒

不要用乳汁涂抹宝宝的脸

在过去的育儿经验中，似乎有一种“用乳汁涂抹在宝宝的脸上，可使宝宝的皮肤嫩白细腻”的说法，但用现在的观点来看，这是不科学的。

尽管母乳含有丰富的营养，是宝宝的最佳食品，但乳汁容易因细菌生长繁殖而腐败，本来宝宝的肌肤非常娇嫩，血管也极其丰富，如果把极易腐败的乳汁涂抹在宝宝的脸上，乳汁中的细菌就会从毛孔侵入，使宝宝面部的皮肤产生红晕，还可能变成小疱甚至化脓。如果不及时治疗，还会因溃烂而形成瘢痕，破坏宝宝的容貌。

所以，注意保持宝宝的皮肤清洁比任何养护手段都要重要。如果宝宝的皮肤确实有些干燥，妈妈可以为宝宝选用一些不含刺激性成分的婴儿专用护肤品。

注意宝宝大小便的规律

宝宝到了第6个月，大小便也比以前有规律了。一般来说，大多数宝宝每天排便1～2次，母乳喂养的宝宝可能排便次数相对多一些，有的宝宝每天多达4～5次。这个月的宝宝已经基本上能坐稳了，完全可以让他们坐盆大小便。当然，由于宝宝的小便间隔时间比较长，掌握宝宝小便规律后，父母可以定时给宝宝把尿。

对于那些有便秘的宝宝，排便次数就不象上面那样正常了，有的甚至要两天才能排出大便。一般来说，这主要是因为宝宝开始吃断乳食品，摄入含纤维多的食物相对较少，所以可以适当给宝宝吃一些水果或酸奶。

第七章

25～28周　宝宝萌出乳牙了

第25周

日常护理指导

宝宝乳牙萌出

第6个月时，有的宝宝开始长乳牙了，但有的宝宝还没有出乳牙的迹象。这是因为存在着一定的个体差异，这些差异受种族、性别、遗传等因素的影响，还受气温、营养、疾病等环境因素的影响。正常情况下营养好、身高和体重高的宝宝，比营养差、身高和体重低的宝宝牙齿萌出早；寒冷地区的宝宝比温热地区的宝宝牙齿萌出迟。

宝宝出牙的顺序，通常是最先长出下切牙（下门牙），然后长出上切牙，多数宝宝1岁时已长出4上4下，共8颗乳牙。接着再长出第一乳磨牙，该牙长出的位置离切牙稍远，为即将长出的乳尖牙（虎牙）留下空隙。略有停顿后4颗尖牙在这空隙脱颖而出，1岁半时长出14～16颗乳牙，最后长出的4颗是第二乳磨牙，其位置紧靠在第一乳磨牙之后，一般在两岁到两岁半时，20颗乳牙全部长出。如果宝宝1周岁后仍迟迟不长1颗乳牙，则应到医院去检查并找出原因，以排除是否有“无牙畸形”或其他全身性疾病的影响。长乳牙，标志着宝宝的又一个生长期的到来，是宝宝咀嚼食物的开端，具有非同寻常的意义。

可以给宝宝穿鞋吗

从理论上讲，这个月的宝宝还不会走路，光脚是最好的。但此时的宝宝活动能力逐步加强，特别是脚部的活动，如蹬腿、踢腿等动作比以前明显增多。为了避免宝宝脚部皮肤的摩擦，保护娇嫩的脚趾甲，给宝宝准备一双合适的鞋还是很有必要的。

所谓合适的鞋，首先应从宝宝不会走路的特点出发，选择那些用可透气的真皮或布等材质制成的鞋。鞋要轻便，鞋底要柔软富有弹性，最好是用手隔着鞋底都摸得到宝宝的脚趾。那些用塑胶材料制成的，或者有坚硬外壳的皮鞋都是不适合的。其次宝宝的鞋也要适当宽松一些。买鞋时父母可以用拇指压压，鞋的长度要以宝宝最长的脚趾和鞋尖保留拇指的宽度为宜。鞋的宽度应以脚部最宽的部分能够稍加挤压为宜，如果尚能挤压，宽度就足够了。为了给宝宝的小脚丫留下发育的空间，千万不要给宝宝穿太小、太紧的鞋子。

此外，由于宝宝的小脚丫长得很快，一双鞋不等穿坏很快就不能穿了，所以不要买太贵的。

营养饮食要点

宝宝的磨牙食物

在这个月，如果之前不流口水的宝宝开始流口水，并伴有烦躁不安、喜欢咬坚硬的东西或总是啃手，说明宝宝开始长牙了。这时，妈妈需要给宝宝添加一些可供磨牙的辅食，如水果条、蔬菜条、条形地瓜干、磨牙饼干等。

需要注意的是，不管让宝宝咬什么，都必须是在宝宝坐立的情况下，并有大人在旁看护才行，以免发生危险。

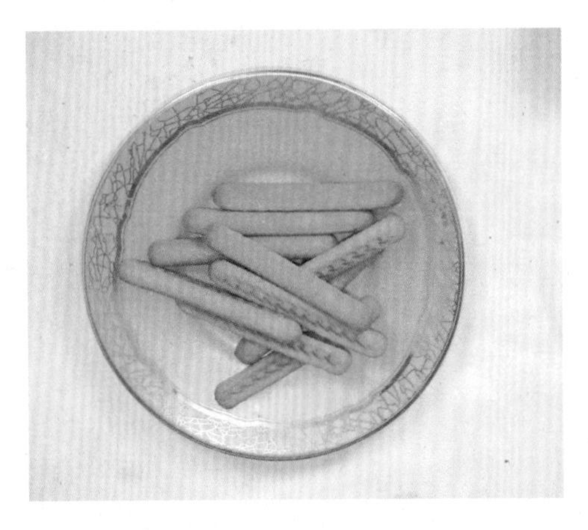

宝宝出牙时期的饮食调整

在宝宝出牙期间，妈妈可以将每次喂奶的时间分为几次，在喂奶间隔中给宝宝喂些适合的固体食物。如果宝宝用奶瓶喝奶，这段时间还可改用小勺给宝宝喂奶。

此时的宝宝仍然坚持母乳或配方奶为主，但哺喂顺序与以前相反，先喂辅食，再喂母乳或配方奶，而且最好采用主辅混合的新方式喂养，为以后断母乳做准备。

给宝宝食用的水果最好是带皮的，如橘子、苹果、香蕉等，这类水果的果肉部分受农药污染与病原感染的机会较少，宝宝食用较为安全。

体能智能锻炼

锻炼颈背肌和腹肌

在锻炼宝宝的颈背肌和腹肌力量时，父母可以经常与宝宝做坐起和躺下的游戏，只有宝宝的颈背部和腹部肌肉的力量增强以后，宝宝才能尽快自己坐起来，并且不用任何依靠而坐稳。训练时，可以参考以下方法：

先让宝宝仰卧，父母握住宝宝的两只手腕，慢慢地将宝宝从仰卧位拉起成坐位，然后再轻轻地将宝宝放下恢复成仰卧位，如此来回反复地做坐起和躺下的游戏，就可使宝宝的颈背肌和腹肌得到锻炼。如果宝宝的手已经有很好的握力，父母也可把大拇指放在宝宝的手心里，让宝宝紧握进行上述坐起和躺下的游戏。用这种方法训练时，要注意宝宝的握力是不是足以完成整个游戏。如果宝宝手部的握力不够，就需要父母中的一人在宝宝身后进行必要的保护，以免宝宝半途松手而发生意外。

给宝宝讲故事

给宝宝讲故事是促进宝宝语言发展的好办法，虽然宝宝还不能够听懂故事的含义，但只要将故事声情并茂地讲给宝宝听，就能逐渐培养宝宝爱听故事的好习惯。

如果再多给宝宝买一些构图简单、色彩鲜艳的宝宝画报，一边用清晰、缓慢、准确的语调给他讲故事，一边用手指点画册上的图像，还能培养宝宝对图书的兴趣。但要注意选择情节简单、有趣的故事。

健康专家提醒

宝宝出牙时容易发生的情况及解决办法

宝宝出乳牙容易发生以下情况：

流口水　出牙前2个月左右，大多数宝宝会流口水，或把小手伸到口腔内抓挠。如果仔细查看宝宝的口腔，就可以看到局部牙龈发白或稍有充血红肿，触摸牙龈时有牙尖样硬物感。

轻微的咳嗽　出牙过程会分泌出较多的唾液，过多的唾液会使宝宝出现反胃或咳嗽的现象。只要不是感冒或过敏，就不必担心。

啃咬　宝宝出牙最大的特点，是啃咬东西。咬自己的手或咬妈妈的乳头，可以说，只要看见什么东西，就要拿到嘴里啃咬一下。目的是想借啃咬的施力，来减轻牙床下长牙的压力。

疼痛　疼痛和不舒服是出牙过程中不可避免的。疼痛是因为牙床发炎，而发炎是柔软的牙床纤维对付逼近的牙齿唯一的办法，尤其是长第一颗牙及臼齿时最不舒服。

易怒　当齿尖愈来愈逼近牙床顶端，发炎的情形愈严重，不断的疼痛使宝宝变得易怒和烦躁。

拒绝进食　长牙的宝宝在喂奶时，常常变得浮躁不定。因为很想把个东西塞进嘴巴而显得急欲吸奶，而一旦开始吸奶又会因吸吮而使牙床疼痛，于是就拒绝进食。

不眠　宝宝不只是在白天长牙，晚上也一样在长。宝宝常会因牙不舒服而夜里睡不踏实甚至烦躁。这种情形多发生在长第一颗牙及臼齿时。

牙床出血　有时候，长牙会造成牙床内出血，形成一个瘀青色的肉瘤。一般冷敷可以降低疼痛并加速内出血吸收消失。

拉耳朵、摩擦脸颊　出牙的宝宝常常拉自己的耳朵，这是因为牙床的疼痛可能沿着神经传到耳朵及腭部，尤其是长臼齿时，所以宝宝会出现抓耳朵或摸脸颊的举动。不过要注意，当宝宝耳朵受到感染时，也会有用力拉耳朵的现象。

宝宝出现上述情况时，可采取以下解决办法：

当宝宝烦躁不安而啃咬东西时，父母不妨将自己的手指洗干净，帮宝宝按摩一下牙床，刚开始因为摩擦疼痛，宝宝可能会稍加排斥，不过当宝宝发现，这样做疼痛减轻了后，很快就会安静下来，并愿意让爸爸妈妈用手指帮他们按摩牙床。

在宝宝牙齿萌出期间，牙龈部位还可能出现萌出性血肿（牙齿长出部位充血肿大），这时，绝不可轻易挑破，若已经发生溃烂，应及时请口腔科医生诊治，防止继发感染。

牙齿萌出是正常的生理现象，多数宝宝没有特别的不适，上述现象在牙齿萌出后就会好转或消失。

宝宝出牙期间的口腔卫生

宝宝出牙期间，口腔内极易感染病菌，因此，父母一定要注意宝宝的口腔卫生，使宝宝顺利度过长牙期。

宝宝从开始长第一颗乳牙到乳牙全部出齐，大约需要2年的时间，基本上是隔几个月就长出几颗牙，为保持宝宝在牙齿萌出期间的口腔卫生，妈妈应在每次哺乳或喂食后，用纱布缠在手指上帮助宝宝擦洗牙龈和刚刚露出的小牙。牙齿萌出后，也可继续用这种方法对萌出的乳牙从唇面（牙齿的外侧）到舌面（牙齿的里面）轻轻擦洗揉搓，轻轻按摩牙龈。同时，应注意每次进食后都要给宝宝喂点温开水，以起到冲洗口腔的作用。

在宝宝出牙期间，要随时将宝宝吮咬的奶头、玩具等物品清洗干净，宝宝的小手勤用水清洗、勤剪指甲，以免宝宝啃咬小手引起牙龈发炎。另外，刚萌出的乳牙牙根还没有发育完全，很容易发生龋病（虫牙），因此，在牙齿开始萌出后也应做好口腔卫生，预防龋病和其他牙病。

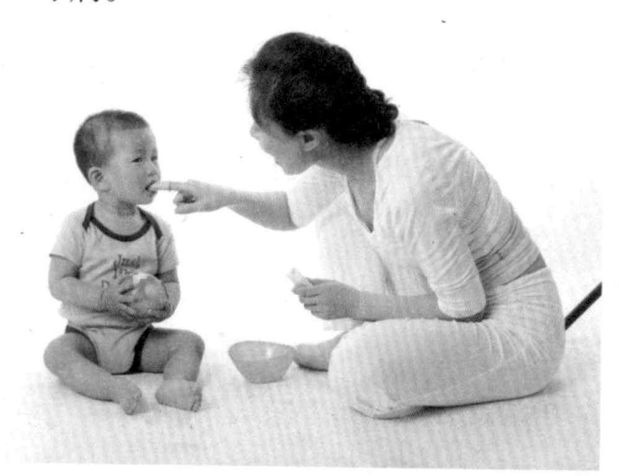

第26周

日常护理指导

宝宝会想办法做到想做的事

这段时期的宝宝，什么事都想做做看，当知道自己的力量做不到时，宝宝就用目光、表情或声音表达自己的愿望和需求。宝宝用“啊”“啊”的声音来表示，如果妈妈不在身边时，宝宝会设法呼唤。这种行为是建立在信赖关系上，宝宝知道妈妈会满足自己的要求。

宝宝对表扬和鼓励表示高兴，并

一再做他已取得成功的那个动作，比如妈妈表扬宝宝“会拍手了”，宝宝听了，就会把手拍得更欢了。宝宝还懂得什么事情不能做，会因此而受到指责，但宝宝却常要点花招，来做禁止做的事情，比如妈妈不许宝宝含手指头，宝宝就当着妈妈的面不含，但妈妈一转身，宝宝又会把手指头含到嘴里，像跟妈妈藏猫猫似的，把此事看作一件很有趣的事情来做。

宝宝对自己逐渐增长的独立性感到满意，与外界的接触更有针对性，更愿意按着自己的意愿来，并想法满足这种意愿。

室内裸体空气浴

当天气情况不允许带宝宝做室外活动时，也可以让宝宝在室内进行裸体空气浴。做室内裸体空气浴以前，应该先开窗20分钟，进行空气交流之后，等到室温升到20℃左右时，就可以把宝宝的衣服全部脱掉，把宝宝放在床上，或者在木质地板上铺上一块较厚的毯子，把宝宝放在上面。活动的方法可以由宝宝的兴趣而定，如果宝宝原来一直坚持做婴儿体操，但到7个月时不爱做了，就不要勉强他继续做，应改换成宝宝喜欢的游戏，只要能活动全身，任何活动都可以达到健身目的。

营养饮食要点

不但要给宝宝喝汤还要给宝宝吃肉

有些父母总认为7个月的宝宝，牙没长出几颗，又没有什么消化能力，所以，只给宝宝喝汤不给吃肉。其实，宝宝到了七八个月时，已经能进食鱼肉、肉末、肝末等食物了，是大人们低估了宝宝的消化能力。还有的父母认为，汤的味道鲜美，营养都在汤里，所以只给宝宝喝汤就足够了。这些想法都是错误的，在很大程度上限制了宝宝更多地摄取营养。

汤里含有的蛋白质只是肉中的3%～12%，汤内的脂肪低于肉中的37%，汤中的无机盐含量仅为肉中的25%～60%，所以可以这样说，无论鱼汤、肉汤、鸡汤多么鲜美，其营养成分远不如鱼肉、猪肉、鸡肉。

因此，在给宝宝喂汤的时候，要同时喂肉，这样既能确保营养物质的摄入，又可充分锻炼宝宝的咀嚼和消化能力，并促进宝宝乳牙的萌出。

培养宝宝良好的饮食习惯

随着宝宝越来越大，越来越懂事，许多习惯也就会慢慢形成，而良好的饮食习惯对宝宝的健康成长是很重要的。父母是宝宝健康成长的奠基者和保护者，起着举足轻重的作用。

首先，在给宝宝喂食时，应做到定时、定量、定场所，这有利于宝宝生理节律的稳定、有规律，利于形成内在条件反射，利于消化系统的正常运行。

其次，应注意培养宝宝的卫生习惯，进餐前应先给宝宝洗净小手，戴上围嘴或挡上小手帕。

另外，不要让宝宝边吃边玩，或吃几口又去玩儿，这样喂食，既不利于食物的消化吸收，又有可能使饭变凉，引起宝宝腹泻。只有集中注意力吃饭，宝宝才能尝到食物的美味，增进食欲，身体才能更好地生长。

体能智能锻炼

观察力和判断力的培养

观察力和判断力是将来日常生活和工作中必须具备的基本素质，在宝宝长到第7个月时，就可以利用游戏，逐步培养宝宝的观察力和判断力。

培养宝宝观察力和判断力的游戏有很多，比如要玩玩具时，可以先让宝宝自己找。如果宝宝喜欢玩具娃娃，就可以和宝宝玩藏猫猫游戏，先用一块手帕蒙在玩具娃娃上，要注意手帕不能太大，要将玩具娃娃露出一部分，让宝宝将玩具娃娃找出来。也可以将玩具娃娃和小汽车等几个玩具同时用手帕蒙起来，手帕的边上分别露出小汽车的轮子和玩具娃娃的胳膊或腿，然后再让宝宝揭开手帕寻找到他所喜欢的玩具。也可以点玩具的名称，让宝宝寻找，这样一方面可以锻炼宝宝自己找玩具的能力，同时也可以使宝宝将玩具和玩具的名称对应起来，达到增强宝宝认知能力的目的。

当然，也可以把这些玩具藏在枕头下、被子里，让宝宝去找，逐渐增加游戏的难度。也可以互换角色让宝宝把他喜欢的玩具盖起来或藏起来，由父母来找，以此调动宝宝参与游戏的兴趣，培养宝宝的观察力和判断力。

不能忽视玩具的副作用

玩具虽然对宝宝发展体能和智能大有用处，但使用不当也会产生副作用。给宝宝玩玩具的时候，从长远着想要注意以下两个问题。

不要长时间让宝宝自己玩。这时期的宝宝已经学会拿着喜欢的玩具自己玩了，那些比较爱静的宝宝更是如此。宝宝长时间地玩玩具，虽然可以减轻父母的操劳，但长时间让宝宝自己玩也是不妥的。因为这样不仅会使宝宝养成内向孤僻的性格，对宝宝将来性格的完善也会造成不必要的障碍，而且还影响父母与宝宝之间的交流，对宝宝的智育发展造成不利影响。所以，父母要适度地陪宝宝一起玩，这样不仅有利于宝宝的全面发育，而且还会增强宝宝与父母之间的亲情。

不要一次给宝宝太多的玩具。当宝宝一只手拿着一个玩具时，另一只手还想去拿别的玩具，其实这就是拥有概念的雏形，如果是宝宝自己喜欢的玩具，还会玩很长时间爱不释手。如果这时向宝宝要这个爱不释手的玩具，宝宝就可能舍不得给，如果从宝宝手中抢过来，宝宝就会大哭起来。另外，这个时期的宝宝喜欢能够活动的或能够发出响声的玩具，比起那些已经玩过的或者不能活动或不能发出响声的玩具来说，宝宝更喜欢前者。而且，由于现在市场上的玩具品种层出不穷，如果一味地给宝宝买以前没见过的玩具，就会激发宝宝更多和更高的欲望，这样做的结果费钱不说，主要是不利于宝宝性格培养，所以不要一次给宝宝买太多玩具。

健康专家提醒

影响宝宝牙齿的因素

牙齿是健康的指标之一，但出牙早晚与智力无关。而有些如佝偻病、营养不良、呆小病、先天愚型等疾病，都会出现出牙延缓、牙质欠佳的情况。因此，父母要随时观察宝宝的出牙及牙齿情况。

钙，不仅宝宝的生长发育需要它，宝宝牙胚的发育生长也需要大量钙质，以及促进钙质吸收的维生素D。宝宝出生后如果没有及时补充鱼肝油和钙剂，又很少晒太阳，就容易得佝偻病，使出牙延迟。宝宝缺少维生素C时，会影响牙釉质的生长；宝宝缺氟时，牙齿易“蛀蚀”，但氟过多又会使牙釉质上出现棕褐色斑纹而且质脆易裂。人体氟的摄入主要来源于水，因此，父母要了解本地区水中氟的含量。另外，给宝宝常服四环素，也会使宝宝的牙齿变成棕黄色而且易“蛀”，应避免给宝宝使用该类抗生素。

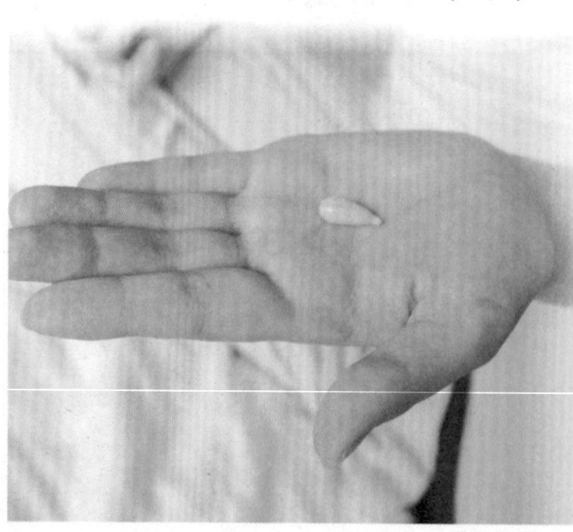

警惕宝宝长期流口水

宝宝常常流口水是这一时期的特征之一，但对宝宝流口水现象，也要分清原因区别对待。因为流口水也分生理性和病理性两种。

生理性流涎　这个时期的宝宝开始出牙，出牙对三叉神经的刺激引起唾液即口水分泌量的增加，但宝宝还没有吞咽大量唾液的习惯，口腔又小又浅，因而，唾液就流到口腔外面来，形成所谓的“生理性流涎”。这种现象随着月龄的增长而自然消失，爸爸妈妈不必担心，给宝宝随时擦洗，并换干净绵软的围嘴就可以了。

病理性流涎　另一种是属于病理性流口水，如宝宝口腔发炎时引起的牙龈炎、疱疹性龈口炎也容易流口水，患儿往往伴有烦躁、拒食、发热等全身症状，后者还常常有与疱疹患者的接触史。所以，遇到这种突然性口水增多时，应及时带宝宝到医院检查和治疗。

第27周

日常护理指导

保证宝宝的安全

宝宝很容易受到意外伤害，为了保证宝宝的安全，父母应该注意以下事项。

除非换尿片的台上有安全绑带，否则必须腾出一只手护着宝宝。千万不可以将宝宝单独留在换尿片的台面上、床上、椅子上或沙发上，不要认为宝宝还不会翻身就没事，宝宝可能因为乱动而摔下来。

将宝宝放在大澡盆内洗澡时，一定要在下面垫块毛巾用来防滑，必须用一只手扶住宝宝，而且最好有两个人一起给宝宝洗澡。别把宝宝交给未成年人，或是不熟悉的人临时照看。

绝不能把宝宝单独留在屋里。即使是再温驯的宠物，也绝不要让它与宝宝单独相处。

抱宝宝的时候，手里不要拿剪子、刀子、针之类的物品。

不可猛烈摇晃宝宝，或是将他抛到空中再接住。

宝宝身上或是他的玩具、使用的物品等，都不要系上任何绳子或链子。衣服上的收缩绳、腰带，都应打个结以防止被拉出来。特别值得注意的一点是，婴儿床、游戏围栏等，千万别离电话线、窗帘的拉绳太近，所有这些东西都有可能导致意外。绝不可把宝宝放在离床沿很近的地方，或毫无遮蔽保护的窗口附近。

开车外出时，父母都必须系好安全带，切勿将宝宝单独留在车内。

宝宝爱趴着睡

6个月的宝宝能够翻身了，有的父母在欣喜之余却发现自己的宝宝总爱趴着睡，不知是什么原因。其实，宝宝趴着睡多半是因为这样睡着舒服，这只是一个睡眠习惯问题，并不是由于哪儿有毛病。有的父母会认为宝宝趴着睡会压迫胸部，引起呼吸困难，所以就让宝宝仰着睡，但过一会

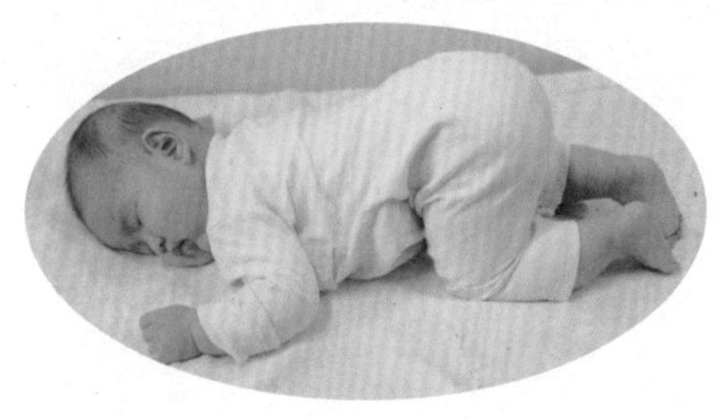

儿，宝宝又趴着睡了。一般宝宝会连续趴着睡一个时期，以后又会改成仰着睡。

营养饮食要点

适当给宝宝添加强化食品

所谓强化食品是指为了满足人体生理需要，经过加工添入人体所需要的营养素的食品。目前市场上的强化食品添入的营养素主要为维生素、矿物质及各种微量元素、氨基酸、蛋白质等，如添加维生素B_1、维生素B_{12}和赖氨酸的面包，加钙糖的饼干，添加酵母粉或鸡蛋的面条等，这种强化食品只是调节宝宝辅食的一种营养素来源，不能作为长期喂养的主食，更不能代替辅食，否则会造成宝宝营养不良，或因某种营养素过多而发生中毒。

正确的食用方法是，在食用主食及按时添加辅食的基础上，根据宝宝身体对某种营养素的需要，适当地添加强化食品。

调整饮食应对便秘

此时期，父母可通过饮食调理来治疗宝宝的便秘。具体可采用以下方法。

如果宝宝喝了酸奶以后能排便而且非常通畅，就可以经常给宝宝喝点酸奶。若100毫升左右不能解决便秘，就可以增加1倍的量。也可试着给宝宝喂一些含膳食纤维素的食物，如油菜末、胡萝卜末、西蓝花末、苹果、橙子、海苔、海带等，可以改善便秘。

体能智能锻炼

传递游戏

在做传递游戏之前，可以先做以下基础练习。在宝宝能够准确抓握的基础上，可给宝宝一些积木、套碗和套塔等玩具。首先训练宝宝抓住一个再抓一个，或向宝宝同一只手上送两个玩具，让宝宝学会将一个玩具放下，再拿起另一个；进而学会把一只手上的玩具转到另一只手上，然后再取第二个玩具。

开始时宝宝可能会把玩具扔掉或撒手不接，即使能把玩具放下也不是有意识的。这时，父母可以在宝宝拿起玩具时用语言进行指导，让宝宝放下或交给父母。每次宝宝按照父母的指导完成动作后，父母要以夸奖或亲吻的方式及时给予鼓励，激发宝宝自己动手的兴趣和信心。当这些训练都能基本完成的时候，父母可以分别坐在宝宝的两侧，从妈妈开始或是从爸爸开始都行，拿一个玩具交到宝宝的一只手上，然后再教宝宝倒手后，交到另一方手里，直至宝宝完成所有动作。

用拣豆游戏训练宝宝手部力量和灵活性

人干什么工作都离不开手，从小锻炼手部的力量和灵活性，对宝宝的一生都具有重要意义。到了第七个月，大部分的宝宝可以不需任何支撑而熟练地坐起来，并能坐较长时间，这就给训练宝宝手部的力量和灵活性提供了极大的方便。而且，宝宝在日常做的很多游戏，都可用来做这种手部力量和灵活性的训练。拣豆游戏就是方法之一。

过了6个月以后，宝宝的小手动作明显地灵巧了，一般物体都能熟练地拿起，拣豆游戏就是建立在这种基础之上进行的。游戏前，先找一个广口瓶，再找十多个爆米花之类比较好拿并可以吃的物品。游戏开始时，妈妈或爸爸可以先做个示范，一个一个地把爆米花拣起来，放进瓶里，然后再倒出来。如此反复，来回玩耍。在示范动作的启发下，宝宝就会效仿着做，开始学习捏取这些小物品。这个游戏有个循序渐进的过程，开始时找些爆米花之类比较粗糙的东西，等宝宝比较熟练之后，再换一些如小糖豆等比较光滑难拿的东西，经过这样逐步升级的训练，宝宝的小手指就会越来越有力，越来越灵活，而且会逐步由拇指与其他指头的抓握，逐渐发展为拇指与食指相对准确捏取。

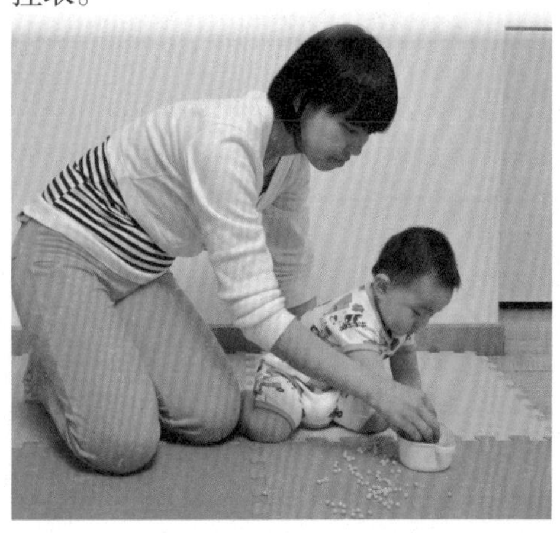

对于那些发育较慢的宝宝也可以做这个游戏，可以找一个更广口的瓶子或干脆用塑料口杯，开始时宝宝可能会用满把手去抓，然后放到瓶子或杯子里去，只要坚持训练，用不了多久，宝宝就可以用手指灵巧地去捏了。

要注意的是，在做这个游戏时，应该时刻看护好宝宝，不要让他把爆米花或小糖豆等东西放进嘴里，一是怕宝宝卡住，造成生命危险；二是怕宝宝吃进去，尽管这些东西万一被吃了也不要紧，但毕竟是拿来做游戏用的，被手拿来拿去已经不干净了，如果被吃了可能会影响宝宝健康。

健康专家提醒

帮助宝宝顺利度过"认生"期

"认生"是这一时期宝宝的特点。宝宝在熟悉的环境、熟悉的人面前活泼可爱、稚气十足，能够独坐着玩耍，看见爸爸妈妈和熟悉的人都会笑，喜欢和自己亲近的人在一起。但是，如果家里来了一个陌生人，宝宝就会害怕得躲进妈妈的怀抱里，既不敢看又不让抱，假如陌生人强行要抱，宝宝就一面大哭一面把身体来回扭动，努力想把身体挣扎出来。

这些都是宝宝感情和认知能力的发展，这说明，宝宝能够对自己不认识的地方或人产生不安及恐惧感，已会初步区别熟悉的和陌生的人与物，这就是怕生。这时候的宝宝，已经有了自己的选择并初步开始运用，同时宝宝也会运用自己特殊的表达方式，告诉爸爸妈妈自己喜欢的与不喜欢的。

为了使宝宝顺利地度过怕生时期，使心理发育有一个更好的适应期，应注意家中有陌生人来访时，不要让陌生人太急地接近宝宝，抱宝宝。应是先通过自己与陌生人的热情友好的谈笑，来感染宝宝，让宝宝建立起对陌生人的信任，也可以通过先给宝宝玩具等来接近宝宝。另外，在平时让宝宝多接触一些新奇的事物，如新奇的玩具、邻居家的小孩儿等，以培养宝宝的接受能力。但应注意，不要吓宝宝，如"你看，妖怪来了"等，这样对宝宝的心理健康发展是不

利的。怕生是宝宝的一个正常心理发展过程，随着宝宝的逐渐长大，怕生现象就会慢慢地消失。

给宝宝洗澡应注意的问题

宝宝到了第7个月时，就可以像大孩子那样洗澡了。但是，在为宝宝洗澡时，应该注意以下几点：

不要在宝宝困倦、饥饿或是刚刚吃饱的时候洗澡。

给宝宝洗澡时要在一个温暖的房间里。

为宝宝洗澡时要面带笑容，用平缓的语调和宝宝说话。

要用轻松有趣的方式提高宝宝和水接触的兴趣。

不要让洗发水流进宝宝的眼睛里。

准备一块大毛巾，等洗完后马上把宝宝包起来。

要尽快把宝宝擦干并穿上事先准备好的衣服，以免着凉。

第28周

日常护理指导

不能洗澡的情况及其应对方法

宝宝不舒服，疑似生病，比如拒奶、呕吐、咳嗽厉害、体温达37.5℃以上时不宜洗澡。至于轻微的流鼻涕、打喷嚏、咳嗽等往往属于生理现象，只要情绪正常，就可以照常洗澡。

对于宝宝来说，洗澡是要消耗体力的。因此，每次洗澡时间不要太长，在热水中浸泡的时间最好不超过5分钟。宝宝因生病或其他原因几天不能洗澡时，可用海绵浴或油浴保持皮肤清洁。

海绵浴　将室内弄暖和后，脱去宝宝的衣服，将其用浴巾包裹起来。把纱布或海绵放入热水中，拧干后打上少许婴儿皂，用其擦脖子、腋下、屁股和有皱褶的地方等，擦到哪个部位就将哪个部位从浴巾下露出，一点一点地擦。用热毛巾擦2～3次，不要残留肥皂沫。注意毛巾不要太热。

油浴　在脱脂棉上蘸些婴儿油，用和海绵浴相同的要领擦洗身体。

注意，冬天婴儿油太凉，要用体温把它焐暖，不然会惊吓着宝宝。用纱布或毛巾轻轻地擦拭宝宝身体，把油擦掉。擦净后薄薄地涂上痱子粉。

开车带宝宝外出的注意事项

如果外出的距离较远，也可以试着让宝宝乘坐汽车（最好乘私家车，便于照料）。乘车外出时，夏季应选择清早出发，天气比较凉爽。冬季应选在中午气温较高时出发。上车时，要抱着宝宝，坐在车内靠后的座位上，如果路况较好，汽车速度也不快，大人想休息一下时，可以稍稍让宝宝自己坐一会儿，但要垫好安全垫，并在身边保护。靠宝宝座位的车门和车窗一定关好，不要让风吹着宝宝。在行进途中，最好不要换尿布，也不要喂宝宝。必要时，应在路旁边的停车场或旅店进行。

为消除宝宝旅途中的寂寞，可给宝宝指点窗外的事物，也可带一些玩具或给宝宝讲故事等。带宝宝乘车外出时，行驶中应每隔1小时休息一次。总路程所需时间最好不要超过6个小时。

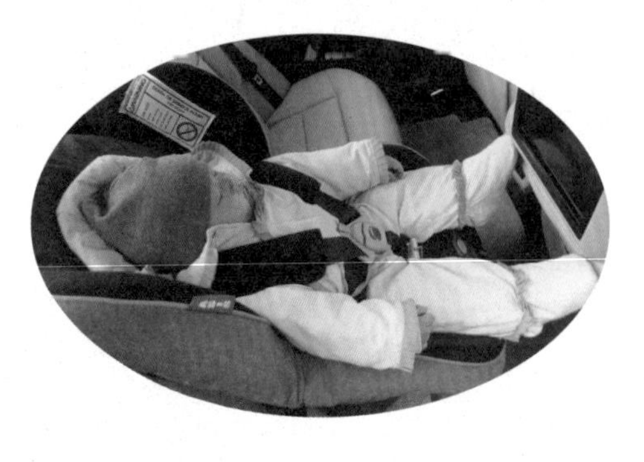

营养饮食要点

教宝宝细嚼慢咽

有的宝宝吃起饭来囫囵吞枣，把未经充分咀嚼磨碎的食物吞下去，这样对身体是十分有害的。宝宝有这种进食习惯时，父母一定要及时帮助宝宝纠正，教宝宝学会细嚼慢咽，这对增进宝宝的健康大有裨益。

细嚼慢咽不仅可以促进宝宝的颌骨发育，预防牙齿疾病，还有助于食物的消化，进而促进对营养物质的吸收。

让宝宝接受小勺

随着宝宝的逐渐长大，饮食里已不再是单纯的乳汁了，而是添加了各种辅助食品，当宝宝开始品尝乳汁以外的食品时，就要遇到用小勺喂的问题，因为好多固体食品是不能用奶瓶喂的，为了能使宝宝顺利地添加辅食，吃上糊状或固体食物，让宝宝习惯和熟悉小勺是很重要的，这也为日后能顺利断奶打下了基础。

一般来说，开始用小勺时，宝宝往往不习惯，以往只要嘴唇一吸，乳汁就到嘴里，而现在却要面对一个硬邦邦的东西，且不说食物的味道和质地发生了变化，仅是小勺本身就足以让宝宝反感。因而，宝宝就会“拒绝”吃食而哭闹，有的宝宝还会用手推拒。遇到这种情况，父母可在每次给宝宝喂奶前，先试着用小勺喂些食品或在吃饭时顺便喂些汤或水。慢慢的宝宝觉得小勺中的东西很好吃，一旦形成了条件反射，再喂时，宝宝就比较容易接纳小勺了。

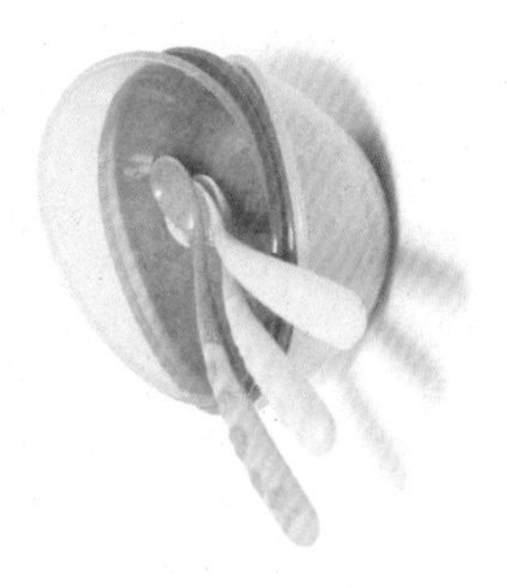

有的父母看到宝宝拒绝用小勺，也就不再坚持给宝宝用小勺喂食，这种作法是不可取的。用小勺喂食，不仅是为了让宝宝吃到更多的营养物质，也是为了使宝宝学会用另一种方法吃东西，促进宝宝的咀嚼功能的发育，同时，也能培养宝宝对新事物的兴趣。

体能智能锻炼

让宝宝感受室外儿童锻炼器械

当父母带宝宝到室外活动的时候，大部分宝宝看到其他小朋友玩秋千、滑梯或跷跷板等大型儿童锻炼器械，都会表现出异常的高兴。这时，父母也可以适当地满足一下宝宝的好奇心，抱着宝宝一同荡秋千、滑滑梯或压一压跷跷板。

当然，让宝宝体验大型儿童锻炼器械时，最重要的是注意安全。一人抱宝宝滑滑梯、荡秋千或压跷跷板时，动作一定要慢，最好要有一人在旁边保护，否则稍有不慎就会出危险。有意识地让宝宝体验大型儿童锻炼器械，可帮

助宝宝更积极主动地参与运动，并从中体验运动的乐趣。

培养宝宝的自理能力

为了从小培养宝宝的自理能力，父母就要从日常生活的点点滴滴开始做起。

在给宝宝穿鞋袜之前，可以先把小鞋子、小袜子放到宝宝手里，让宝宝玩一会儿，看宝宝能不能找对地方。如果宝宝知道是脚上穿的东西，就会笨拙地往脚上套，如果不知道也不要紧，在正式给宝宝穿时，要一边穿一边告诉宝宝，经过几次训练宝宝就知道了。即使宝宝还不会自己穿上，但只要给他穿鞋袜时，宝宝就会在大人的指导下把小鞋子或小袜子拿过来，时间一久，宝宝就学会自己穿鞋袜了。

健康专家提醒

室外活动时不要总让宝宝坐在婴儿车里

在天气条件允许的情况下，把宝宝带到室外活动是非常必要的，这样不仅能够锻炼宝宝身体的抗病能力，而且这种环境也会让宝宝感到就像进入了一个美妙的童话世界一般，同时这也是父母难得的放松和休闲机会。

尽管这个月的宝宝已经能坐得很稳，但不要总让宝宝坐在婴儿车里，应选择一个比较安全的地方，再铺块毯子，把宝宝放到毯子上，让宝宝坐着或爬着玩。也可以让宝宝坐在草坪上，看看天上的风筝，听听小鸟的叫声，摸摸嫩绿的小草。喜欢小伙伴是宝宝的天性，如果附近有儿童活动场所，也可以把宝宝带到一个比较安全的地方观看。如果是比较激烈的球类运动，最好不要观看，以防失去控制的球飞过来伤着宝宝。但无论采取什么方式，也不管到什么场所，对7个月大的宝宝来讲，每天室外活动的时间控制在1.5～3小时为宜。

第八章

29～32周　好奇宝宝来啦

第29周

日常护理指导

给宝宝自由活动的空间

这个月龄的宝宝已经会坐会爬了，除了让其在卧室里活动之外，最好能为宝宝创造一个较大的空间让他自如地活动，使爬行不受阻碍。

如果居住条件有限，也可考虑充分利用客厅作为宝宝的活动空间，但要对客厅进行适当的改造，最好让客厅兼备会客和宝宝活动的双重功能。

宝宝活动的室内空间温度要适宜，一般控制在25℃左右，还要保持一定的湿度。活动室内可以悬挂形态各异的物体或张贴几幅色彩鲜艳的图片，让宝宝活动起来更有兴趣，并可促进宝宝视神经的发育。室内应保持阳光充足和空气新鲜。

此外，在活动室内，凡是宝宝站起来能够得着的地方，不要放置任何危险物品，电器及插座等都要加上安全防护设施，以防宝宝伸手触摸时可能会造成危险。

千万不要抛扔宝宝

有些父母喜欢抱着宝宝，用力摇晃或向空中抛扔宝宝。也有的为了哄宝宝入睡，让宝宝仰卧在自己的双腿上不停地抖动，或放在摇篮里用力地摇晃。有时又抱着宝宝边走边抖。有的还认为这是让宝宝乖乖入睡和不哭闹的好办法。岂不知，这些做法对宝宝的健康都是不好的，甚至会导致严重的后果。

这是因为宝宝的大脑发育比较早，所以头部的分量相对比较重，而颈部肌肉却比较松软，剧烈摇晃时宝宝的头部容易受到较强的震动，易使脑部受到伤害，这对宝宝的智力发育很不利。另外，大幅摇晃宝宝，也容易导致其他严重后果。因此，千万不要抛扔或剧烈摇晃宝宝。

营养饮食要点

宝宝的饮食变化

进入7个月的宝宝还不能取消乳制品，给宝宝喝的奶量保留在每天500毫升左右就可以了。要增加半固体性的断乳食品，用谷类中的米或面来代替两次乳类品。给宝宝选择的食品，应包括蔬菜类、水果类、肉类、蛋类、鱼类等。因为宝宝长到7个月时，已开始萌出乳牙，有了咀嚼能力，同时舌头也有了搅拌食物的功能，味蕾也敏锐了，对饮食也越来越多地显出了个人的爱好，喂养上也要随之有一定的变化。

辅食制作方法

父母要掌握几种饮食的做法，让宝宝吃得更加可口。以下介绍几种

断乳食品的做法：

■ 番茄排骨面

制作方法：

①西红柿（一个或半个）用开水烫一下，去皮，切成碎块，备用。

②菠菜叶（嫩的）洗净，切碎，备用。

③豆腐（一小块）切碎，备用。

④锅内放入少许油，用切碎的葱花炝锅（也可不用葱花和油），再倒入排骨汤（半碗），煮沸。

⑤将西红柿、菠菜叶和豆腐倒入锅内，略开一会儿。

⑥再加入龙须面煮一会儿，面条软即可出锅。

■ 粮食水果粥

制作方法：

将30克（约3食匙）全谷糊加150毫升凉水，用文火煮3～5分钟盛出，然后加入5克（1茶匙）黄油，再在粥里加100克新鲜果酱或瓶装的水果酱即可。

■ 面包片水果粥

制作方法：

将4片含钙的儿童钙盐面包，或全麦面包放在100毫升水中软化，然后再加100～150克水果增加口味。如果水果太酸，可适当加一点糖。如果宝宝腹泻，要少用香蕉和苹果，最好用

梨、桃、橘子、杏或草莓。

■ 全乳粥

制作方法：

用250毫升的鲜牛奶加1勺糖（约5克）煮一会儿，然后加2勺全谷糊（约24克），一边搅拌，一边煮1～2分钟，晾凉即可给宝宝食用。

让宝宝按照自己的方法进食

宝宝渐渐地长大了，手的动作变得更加灵活，而且也有了独立意识。吃饭的时候，宝宝往往把手伸到碗里，抓起东西就往嘴里放，即使不是吃饭，宝宝只要看见什么，不管是什么东西就喜欢送到嘴里，也许是要显示自己的能力。

为此，有些父母担心，怕宝宝因吃进不干净的东西生病，所以常会阻止宝宝。其实，这是不科学的。宝宝发育到一定阶段就会出现一定的动作，这也是宝宝生长过程中的必然现象。这代表着一种本能，代表着一种进步。宝宝能将东西往嘴里送，这就意味着宝宝已在为日后自食打下良好的基础。若禁止宝宝用手抓东西吃，可能会打击宝宝日后学习自己吃饭的积极性，不利于宝宝手功能的锻炼，不利于宝宝身体各部分协调能力的发展和培养。

因此，父母应该从积极的方面采取措施，如把宝宝的手洗干净，让宝宝抓些像饼干、水果片等“指捏食品”，这样，不仅可以训练宝宝手的技能，还能摩擦宝宝的牙床，以缓解宝宝长牙时牙床的刺痛。而饼干、水果片通常是7个月宝宝最先用手捏起来吃的食物。

另外，在给宝宝喂食物时，不要阻止宝宝把手伸到碗里去，要随着宝宝自己的意愿，让宝宝自己喂自己，只要宝宝吃得高兴，食物就消化得更好。宝宝经过一番辛苦，能吃进去一部分，另一部分会沾到手上、脸上、头发上和周围的物品上，父母最好由宝宝去，不必计较这些小节，重要的是让宝宝体会到自食的乐趣。

体能智能锻炼

爬取玩具法

爬行不仅可以锻炼宝宝全身的

肌肉，还可以促进宝宝运动能力的发展，而且有利于宝宝大脑的发育，扩大宝宝认知世界的范围。为了进一步训练宝宝爬行，可以参考以下方法：

训练宝宝爬着去取玩具，主要是锻炼宝宝眼、手、脚的协调能力，促进宝宝全身肌肉的活动能力，并可以锻炼宝宝的意志。在训练时，先让宝宝俯卧在床上或干净的地板上，然后在宝宝前面放一个色彩鲜艳的玩具，吸引宝宝向前爬行。

自制玩具

在为宝宝准备玩具时，不一定非要到商店里买，有时自己做的玩具更能得到宝宝的喜爱，而且在给宝宝做玩具的时候，在保证安全的前提下还可以让宝宝参与，可以说是一举两得。

自己制作玩具的材料随处可见，如家中现有的小塑料瓶、塑料袋、空易拉罐、旧挂历纸等物品，都可以制作成宝宝喜欢的玩具。下面是一些简单玩具的做法，可供参考：

易拉罐小车　先在空易拉罐的两端各打一个小孔，用一根比易拉罐略长的铅丝从小孔中穿过去，再在铅丝两端各弯一个小圈。然后在易拉罐里面装上一些小石子或沙子，使其发出有趣的响声，再用胶布把罐上的拉孔粘住，即成一辆易拉罐小车。最后在铅丝两端的小圈上拴一条绳子，就可以让宝宝拉着走了。

小花鼓　可在洗净的空饮料瓶身上扎两个小洞，穿入系有小扣子的尼龙绳，然后将黄豆、沙粒等小物品放入饮料瓶中，最后封住瓶口，插入小棒，一只既可拿在手中摇动又可上下晃动的小花鼓就做好了。

塑料袋气球　将塑料袋吹大，袋口捏紧，再系上一根绳子扎紧，让宝宝牵着就像气球一样，虽然不会飞，但可以拉着在地上走，往空中抛也行。

健康专家提醒

齿斑的原因及解决办法

有些父母发现，宝宝刚长出的两颗牙上面有灰色的斑点，不知是怎么回事。事实上，这是齿斑，引起牙齿斑点有以下原因：

宝宝食用液体的含铁维生素，就会形成这种斑点，这是铁质造成的结果，这对牙齿并不会造成伤害，等宝宝改吃咀嚼式的维生素，斑点多半会自动消失。如果宝宝有睡前吸奶或果汁的习惯，那么，这难看的斑点就有可能是蛀牙。也可能是牙齿珐琅质的天生缺陷造成的。此时最好尽早检查诊治。

宝宝大便中夹有血丝怎么办

一些宝宝排便时，有大便中夹带血丝的现象。之所以造成这种现象是因为添加辅食后，宝宝的大便容易变硬、变干，出现便秘。干结的大便在排出肛门时，很容易擦伤周围的黏膜，从而出现少量渗血的现象。父母也能从宝宝排便哭闹判断出原因。

遇到这种情况，如果宝宝的体温正常，没有其他异常不适，可在宝宝的患部涂上一些消炎药膏，同时注意在宝宝的饮食上适当增加蔬菜的量，特别是绿色叶菜类，还要多给宝宝喝水。

第30周

日常护理指导

注意宠物给宝宝健康带来的隐患

宝宝现在还小，如果家里喂养宠物，父母要注意宠物可能会给宝宝的成长带来的一些负面问题。

可能引起宝宝过敏　宠物的毛发、皮屑、唾液、粪便及吃剩的食物是很重要的过敏源，容易漂浮于空气中而被宝宝从口鼻吸入身体，造成各种过敏症状，如眼睛红肿、流泪、鼻塞、咳嗽，甚至哮喘等。

容易有寄生虫　许多宠物身上多毛，不容易清洗，其毛发、分泌物、排泄物中皆存有许多不知名的细菌和病毒，或寄生虫，容易转移到宝宝身上而致病。此外还存在咬伤危险。即使是娇小的宠物，仍然具有兽性，咬伤宝宝的危险性也是存在的，而且动物的口腔中存在许多细菌，被咬之后很容易受感染发炎，产生皮肤溃烂、败血症，甚至是骨髓炎。因此，父母要注意在日常生活中让宝宝远离宠物。

使用便盆的注意事项

在第8个月时，很多宝宝已经可以

坐在便盆上排便了。这时，要注意以下问题：

首先，要巩固前几个月训练的基础，根据宝宝排便的习惯，在发现宝宝有便意时及时让他排便。如果宝宝一时不排便，可过一会儿再坐便盆，不要让宝宝长时间坐在便盆上。

其次，每次宝宝便后，应立即把宝宝的小屁股擦干净，并用水将宝宝的手洗干净。为减少病菌感染的机会，每天晚上还要给宝宝清洗小屁股，以保持宝宝臀部和外生殖器的清洁卫生。

宝宝每次排便后应马上把便盆里的粪便倒掉，并彻底清洗便盆，最好定时消毒。用完便盆后，要将其放在一个固定的地方，不要把便盆放在黑暗的角落，以免宝宝因害怕而拒绝坐便盆。

营养饮食要点

控制宝宝吃糖

宝宝吃糖不宜过量。一般来说，宝宝的肝脏中储存的糖分少，体内的碳水化合物也较少。加上宝宝活泼好动，消耗比较多，适当吃些糖果，对及时补偿身体的消耗是有好处的。特别是那些增加了营养素的糖果，如奶糖、果饴糖等。但是过量吃糖也会对宝宝健康造成多种危害。

过多吃糖会影响食欲，到了吃饭的时候不想吃饭，可过了饭点肚子却有饥饿感，结果又要用糖来充饥。长期下去，会形成恶性循环。进食量减少了，宝宝就得不到所需要的各种营养素，极易造成营养不良。

过多吃糖会消耗体内的钙和硫胺素，会降低宝宝的抗病能力。

过多吃糖会给口腔内的乳酸杆菌提供有利的活动条件，便于它们将糖发酵而产生酸性物质，而酸性物质又会导致龋齿的形成。

根据目前我国一般儿童的饮食状况，每个月摄入大约250克糖就能基本

上满足宝宝的身体需要了，即每天吃10克左右的糖较合适。因此，父母要正确掌握好宝宝的吃糖量。

宝宝多吃蔬菜好处多

新鲜蔬菜中含有丰富的纤维素，能增强人体内消化液和食物的接触，促进胃肠蠕动和食物残渣的排泄；蔬菜里还含有调味物质，如挥发油、芳香油、有机酸等，能刺激人的食欲，加强胃肠蠕动，促进消化吸收。总之，宝宝多吃蔬菜对生长发育有着不可替代的作用。

宝宝多吃蔬菜，对牙齿的发育也有好处。如钙是牙齿珐琅质和牙齿本身钙化所必需的物质，而许多蔬菜中都含有丰富的钙，故宝宝多吃蔬菜也是很有利于牙齿生长的。

蔬菜内含有90%的水分，咀嚼蔬菜的时候，蔬菜里的水分就能稀释口腔里的糖分，使寄生在牙齿里的细菌不易生长繁殖。

还有，咀嚼蔬菜时，蔬菜中的纤维也能对牙齿起清洁作用，从而也可以保护牙齿。宝宝常吃蔬菜，还能使牙齿里的钼元素含量增加，使牙齿的硬度和牢固性增加。因此，宝宝常吃蔬菜对身体有益无害。

体能智能锻炼

开阔宝宝的眼界

这个时期的宝宝对外界环境和事物越来越感兴趣，要利用一切条件扩大宝宝的视野，开阔宝宝的眼界，使宝宝的视觉和听觉更加发达，进一步增强宝宝的认知能力。

父母平时可以在阳台上让宝宝观察周围事物，周末可以在天气晴朗时带宝宝出去玩，街上的行人、车辆，公园里的花草、树木，都会使宝宝感到好奇。

教宝宝使用小勺

在宝宝接受小勺后，父母还要帮助宝宝学会使用小勺。

具体方法，让宝宝拿一把勺，大人拿一把勺，边给宝宝喂饭，边教宝宝怎样用勺。开始宝宝持勺不分左右手，没有必要迫使宝宝纠正，两手同时并用有助于左右大脑发育。

教宝宝使用小勺时要有耐心，宝宝开始用勺子不够熟练，会弄得手、脸、衣服到处都是饭，甚至摔碎碗杯。父母这时不要斥责，更不能因此让宝宝失去兴趣。一定要多给宝宝机会，相信宝宝会逐渐熟悉并掌握这些技巧。

健康专家提醒

宝宝发生抽搐怎么办

有些宝宝在发生高热的时候，突然就抽搐起来。这时候的宝宝突然全身紧张，继而哆哆嗦嗦地颤抖，两目上视，白睛暴露，眼球固定，叫也没反应，摇晃也恢复不过来。抽搐持续的时间有时1～2分钟，有时10分钟左右。

这种抽搐是高热的一种反应，叫做“热性抽搐”。有只发作1次就不再发作的，也有在1个小时之内就反复发作2～3次的。如果量体温，宝宝的体温一般都超过39℃。不过也有抽搐时宝宝不发热，而后半个小时体温才超过39℃的。

抽搐是神经敏感的宝宝对体温的突然上升而产生的反应。平时肝火旺盛的宝宝、爱哭的宝宝、夜里哭闹的宝宝易发抽搐。因为是由高热引起，所以当体温降下来就没事了。

第31周

日常护理指导

宝宝喜欢用手指到处捅

现在的宝宝，对任何事物都感到新奇，只要拿到手的东西，总想放到嘴里去尝一尝；只要看到的东西总想伸手去摸一摸，宝宝还特别喜欢用手指到处乱捅。

宝宝时常用手指捅自己的耳朵、鼻子、嘴和肚脐眼，好像要考察身体每一个孔穴和每一个部位。宝宝用手指捅妈妈的嘴，然后再捅自己的嘴，当妈妈吸吮宝宝的手指时，宝宝显得既高兴又惊讶，咯咯地笑着，然后又会把手指放进自己的嘴里吸吮，宝宝是想感觉一下，把手指放在妈妈嘴里和放在自己嘴里有什么不同。宝宝已经能够把别人的动作和自己的动作形成视觉联想。

宝宝打鼾的处理方法

改变宝宝的睡姿　试着将宝宝的头侧着睡，此姿势可使舌头不致过度后垂而阻挡呼吸通道，可减低打鼾的程度。

给宝宝进行身体检查　请儿科医生仔细检查宝宝的鼻腔、咽喉、下巴骨部位有无异常，神经或肌肉的功能有无异常。

肥胖的宝宝要减肥　肥胖也是打鼾的一个原因。如果打鼾的宝宝肥胖，先要想办法减肥，让口咽部的软肉消瘦些，使呼吸管径变宽。且变瘦的身体对氧气的消耗可减少，呼吸自然会变得较顺畅。

手术治疗　如果宝宝鼻咽腔处的腺状体、扁桃体或多余软肉增生肥大阻挡呼吸通道，严重影响正常呼吸时，可考虑手术切除。

营养饮食要点

宝宝餐位和餐具需固定

这个月龄的宝宝自己可以坐着了，因此在喂宝宝吃饭的时候，可以给宝宝准备一个专用餐椅，让宝宝固定位置进餐。如果没有条件，可以在宝宝的后背和左右两边，用靠垫之类的物品围住，目的是不让宝宝随便挪动，而且最好把这个位置固定下来，给宝宝使用的餐具也要固定下来，这样，宝宝一旦坐到这个地方就知道要开始吃饭了，逐渐就养成了良好的进食习惯。

这时的宝宝，妈妈喂饭时也不老实了，不会只乖乖地张嘴吃，他会伸出手来抢妈妈手里的小勺，或者索性把小手伸到碗里抓饭，此时妈妈不妨也让宝宝拿上一把勺子，并允许宝宝把勺子放入碗中，这样宝宝就会越吃越高兴，慢慢地就学会自己吃饭了。

给宝宝制作菜汁的方法

妈妈做菜汁时，先把菜叶子洗净、切碎，放入干净的碗中，再放在锅内蒸，取出后将菜汁滤出。有一些能压出汁的蔬菜如番茄，可直接做，不用蒸煮。做法是，选用新鲜成熟的番茄，洗净，用开水烫，去皮，去籽，放入适量白糖，用勺背将汁挤出，滤出汁水，稍加温开水即可喂宝宝了。果汁也是吃配方奶的宝宝不可缺少的。市场上有专为宝宝做果汁的果汁机。在为宝宝做果汁的时候，一定要选新鲜的水果，比如苹果、桃、草莓等。果汁挤出来以后一定要过滤，稍加温开水就可以喂宝宝了。

体能智能锻炼

不要扼杀宝宝的好奇心

在婴儿时期，宝宝的学习能力和兴趣是很强的，对什么事物都特别好奇，这种探索外界事物的好奇心就是最突出的行为表现。这个时期的宝宝总喜欢东摸摸、西摸摸，什么都往嘴里塞，再稍微大一点的时候，就开始撕坏东西，弄坏玩具，如果宝宝会说话了，肯定还会“为什么”“为什么”地问个不停。

宝宝每次要探索的东西，都是宝宝当时最感兴趣的东西，每次“亲身尝试”，都会有所收获。即使遇到一些困难，宝宝不仅不会在意，而且还会自己想办法去克服，在这种好奇的探索过程中，宝宝的自信心和认知能力都会得到加强。而那些时时事事都由父母代劳的宝宝，或是父母对宝宝“不合规矩”的行为过分限制，一遇情况就过分施加保护，很难使宝宝获得成就感，自信心也无从建立。所以，父母要鼓励宝宝的好奇心，为宝宝提供一个探索和认识世界的环境，并加以适当的看护和引导，让宝宝自己在好奇中获得经验，在探索中积累能力。

注重培养宝宝的艺术素质

在宝宝模仿能力最强的时期，可以培养宝宝对绘画的兴趣和能力。开始学习绘画时，最好先给宝宝使用蜡笔。要从教宝宝如何拿笔入手，虽然一开始并不要求宝宝掌握很准确的握笔姿势，但这样的正规训练有助于今后的继续学习。在这个月可以让宝宝任意乱涂乱画，然后大人再在纸上画一个简单的图形，教宝宝照着画，画成什

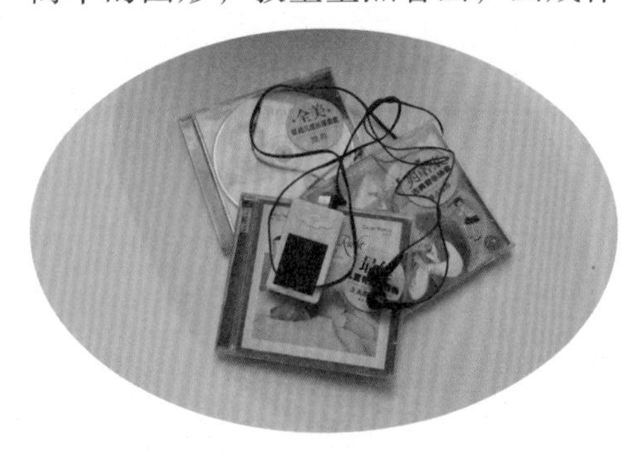

么样都不要紧，重要的是激发宝宝的兴趣和发挥宝宝的“天赋”。

这个月还可以训练宝宝对音乐的感觉，先放一首宝宝喜欢的音乐，再扶宝宝站稳，慢慢地松开手，让宝宝随着音乐摆动。宝宝摆动身体时，大人可以在一旁随着音乐的节拍拍手，营造一种欢乐的气氛。如果宝宝还不知道摇摆身体，可以先让宝宝坐在床上，大人抓着宝宝的胳膊随音乐节拍左右摆动。在宝宝的学习过程中，一定要多鼓励宝宝，多表扬宝宝，让宝宝感到心情愉快，以免宝宝对这种训练产生反感。

健康专家提醒

女宝宝为什么会患阴道炎

3个月至10岁的女宝宝，有时也患阴道炎，并多以外阴炎伴双侧小阴唇粘连症状出现。这是因为，在婴幼儿阶段，女宝宝的外阴、阴道发育程度较差，而且宝宝的抵抗力低下，加之阴道又与尿道、肛门邻近，妈妈稍不注意或护理不当，就可以通过不洁的手、衣物、尿布、浴盆和浴巾等将病原体传染给宝宝，引起宝宝外阴阴道发炎，如治疗不及时，可以引起阴唇粘连。

引起外阴阴道炎症的病原体有细菌、真菌、滴虫、支原体和衣原体，也可因蛲虫病引起瘙痒，抓破皮肤后发炎。患儿主要表现为哭闹不安、搔抓外阴。检查外阴可见有抓痕、外阴处红肿、分泌物增加和有异味。

女宝宝的外阴护理要点

对女宝宝的外阴护理十分重要，具体来说，应从以下几方面注意：

给宝宝单独使用毛巾、坐浴盆，并经常煮沸或暴晒进行消毒。在给宝宝擦拭大便时，应由前向后擦，避免将大便污染到宝宝的外阴，大便后要用温水清洗宝宝的外阴及肛门。

清洗宝宝外阴时，要将大阴唇分开，把小阴唇外侧的分泌物洗净。最好用清水清洗，不要使用肥皂，因为碱性肥皂易破坏体内酸性环境，导致该处自洁功能降低甚至破坏，外界的

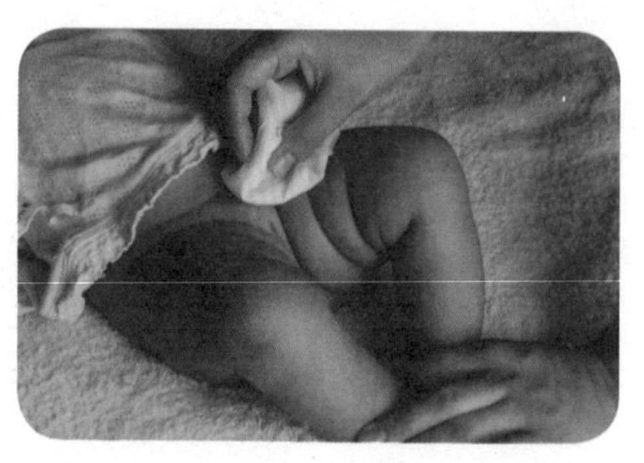

病源生物就会乘虚而入。

在护理外阴或换尿布前，妈妈要先洗净自己的手。

使用布尿布，因为布尿布透气好，便于消毒。

1岁后宝宝最好穿满裆裤，以减少外阴被污染的机会。宝宝的衣物最好单独洗涤，避免将他人的病菌传染给宝宝。

不要带宝宝去卫生条件不好的浴室、游泳馆等，避免感染。

合理使用抗生素。盲目大量或长期使用抗生素，可造成婴幼儿真菌性外阴阴道炎。

一旦发现宝宝患有阴道炎，要及时带宝宝去正规医院诊治。

第32周

日常护理指导

清洁卫生很重要

由于宝宝从母体里带来的免疫力基本消耗掉了，这样就很难抵御外界细菌和病毒的侵扰，所以，对这个月的宝宝来说，更要讲究生活环境的清洁与卫生。

注意宝宝居室内空气的新鲜。防止煤气炉、液化石油气灶等对室内空气的污染。为了减少室内污染，宝宝的居室最好离厨房远一点。

此外，还要保持室内房间整洁，夏天还要注意防蚊、防蝇等。

培养宝宝早睡早起的习惯

这一时期的宝宝好奇心很强，由于白天贪玩，不少宝宝到了晚上也不太想睡觉。如果宝宝到了睡觉时间还没有睡意，就应想方设法减少临睡前的玩耍时间，并安安静静地陪在宝宝身旁，轻轻地哼唱一首摇篮曲，直到宝宝睡着为止。经过多次这样的训练之后，宝宝晚上不睡的问题就可以解决了。

另外，有的宝宝到了晚上该睡觉时不睡，还可能是因为早上起得太晚了。对于这种情况就应给宝宝安排一个起床的固定时间，时间一到就应把窗帘打开，让阳光照进来，叫宝宝起床，当然这需要一个循序渐进的过程。

营养饮食要点

给宝宝做肉末

辅食制作的好坏，直接关系到宝宝的饮食量。在很多情况下，宝宝并不是不愿意吃辅食，而是父母制作的辅食不合宝宝胃口，所以宝宝不愿意吃。给宝宝做肉末是比较好的选择。肉末鲜香柔嫩，美味可口，既可给宝宝佐餐，又可单独吃。它能提供给宝宝优质蛋白。

做肉末时，要准备好瘦肉、淀粉、调味品和水。将瘦肉剁成细末，稍加淀粉、调味品和少许水，调匀成糊状，捏成栗子大小的肉丸子，然后放到油锅里炸熟，每次给宝宝吃一半。也可加入鸡蛋调匀做成肉末蒸蛋，或将肉末放入菜泥中炒，或熬成肉粥给宝宝食用。

正确吃点心

点心不能当饭吃，不能一次吃得过多。如果把点心作为补充，或调剂一下宝宝的胃口，是可以的。但那些食欲很好，吃饭不成问题的宝宝，就应尽量少吃点心，以免宝宝营养过剩，导致肥胖。而对那些食欲不佳，饭量小的宝宝，应该注意适当吃一些点心。可以在两餐之间作为营养的补充，但不要在正餐时间吃，以免影响宝宝正常的食欲。

给宝宝吃的点心，要加以选择。因为点心的品种很多，营养价值也不同。在选购点心时，注意不要买太甜的，因为太甜容易让宝宝伤食，对牙齿也有害。记住，吃完点心后，要让宝宝喝些开水，清除一下口腔中的食物残渣。

体能智能锻炼

提高辨识危险的能力

在宝宝的养育过程中，显见的、

潜在的危险时刻都有可能发生，所以，仅靠父母的看护和防范是远远不够的。因此，从这个月开始要对宝宝进行规避危险的教育，提高宝宝辨识危险的能力。为了提高宝宝辨识危险的能力，可以参考以下方法：

告诫体验法　比如在给宝宝热奶时，就可以告诉宝宝，牛奶很烫，不能碰，等晾凉了才能喝，即使这时的宝宝还不明白“很烫”就“不能碰”的含义，不妨让宝宝稍微接触一下热杯子，以明了什么是“烫”。宝宝有了这次直接的体验，就会记住了。

视听联想法　教宝宝辨识危险还可以采用视听联想法。比如，每当你在宝宝面前使用剪子、刀子和针等锐利物品时，就要告诉宝宝，这个东西不是玩具，会扎破手的，只有大人才可以用。同时，你还可以假装用手指去碰剪刀的尖端，然后喊一声“哎哟！”迅速把手指缩回，并做出痛苦的表情。

宝宝根据所听到和看到的情景，就会联想到剪刀是个危险的东西。采取这样的方法，多换几样危险的物品，慢慢地宝宝就会提高辨识危险的能力了。

拾物训练

8个月的宝宝有的已经能够扶着栏杆站起来了，此时父母可以让宝宝扶站在有栏杆的小床边，并在宝宝脚边放一个玩具，引导宝宝一只手扶栏杆，弯下腰用另一只手捡起身边的玩具。经常进行拾物训练，可使宝宝的手部动作与弯腰及直立身体等系列动作相协调。

健康专家提醒

保姆做体检，宝宝更安全

妈妈的产假过后，就要去上班了，因此，必须请一位保姆来护理宝宝。保姆整天与宝宝在一起，她的健康直接关系到宝宝的健康，所以请保姆最重要的一个条件就是身体健康，尤其要排除患有传染病或身体带菌、带病毒的可能。还有精神病患者等，能给宝宝造成危害，要详细询问病史。因此，要预先给保姆做以下健康检查：

验血　做乙肝血清免疫学检查。乙肝表面抗原或e抗原阳性者，患有慢性肝炎者不能做保姆。乙肝病毒会通过密切的生活接触感染宝宝。

验便　做大便细菌培养检查，以查清是否患有伤寒病或是伤寒病的健康带菌者。如果大便培养结果呈阳性，就不能做宝宝的保姆。因为在其貌似健康的体内隐藏着伤寒杆菌，在日常生活接触中会传染给宝宝。

验痰　做痰液结核菌浓缩或培养试验，以检查是否患有结核病，结果为阴性者才可做宝宝的保姆。此外，还可根据情况选择做淋菌涂片和梅毒血清检查，以排除患有性病的可能。

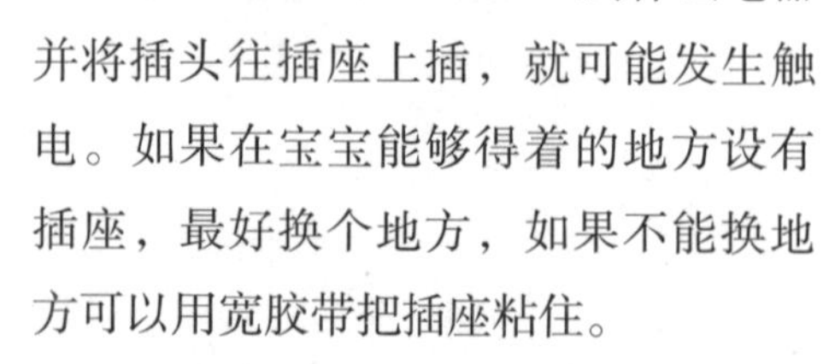

如果保姆患了细菌性痢疾，必须立即停止工作。病愈后必须连续3次大便培养呈阴性，才可重新护理宝宝，因为细菌性痢疾传染性也很强。

患有传染性疾病的不可从事保姆工作。

因此，为了宝宝的身体健康，雇请的保姆必须经过各种化验和检查，确认身体健康者才可以做宝宝的保姆。

消除宝宝触电的隐患

现在的家庭，小型家用电器越来越多，为了防止爱动的宝宝意外触电，父母一定要提高警惕，消除一切隐患。

为了宝宝的安全，家中的所有小型电器，在不使用时或使用完之后都必须切除电源。平时要将所有的小型家用电器，如吹风机、电熨斗、烫发器、电动剃须刀和小型电热毯等存放在安全的地方。因为这个月的宝宝已经有了初步的观察力和模仿力，如果宝宝学着父母的样子，拿到什么电器并将插头往插座上插，就可能发生触电。如果在宝宝能够得着的地方设有插座，最好换个地方，如果不能换地方可以用宽胶带把插座粘住。

第九章

33～36周　宝宝会爬了

第33周

日常护理指导

宝宝服装的基本要求

这个月的宝宝正是学走练爬的时期，由于好动的宝宝经常出汗，再加上生活不能自理，衣服就很容易搞脏。所以，对这个月宝宝的服装就要有一定的要求，而且四季也有所不同。

对春秋季节服装的基本要求　外衣衣料要选择结实耐磨、吸湿性强、透气性好，而且容易洗涤的织物，如棉、涤棉混纺等。纯涤纶、腈纶等布料虽然颜色鲜艳、结实、易洗、快干，但吸湿性差，容易沾土脏污，最好不要用。

对冬季服装的基本要求　宝宝冬季的服装应以保暖、轻快为主。外衣布料以棉、涤棉混纺等为好，纯涤纶、腈纶等布料也可使用。服装的款式要松紧有度，太紧或过于臃肿都会影响宝宝活动。

对夏季服装的基本要求　宝宝夏季的服装应以遮阳透气、穿着舒适，不影响宝宝的生理功能为原则。最好选择浅色调的纯棉制品，这种面料不仅吸湿性好，而且对阳光还有反射作用。纯涤纶、腈纶等布料透气性差，穿着这类衣服宝宝会感到闷热，易生痱子，甚至发生静电、过敏反应，最好不要穿。

给宝宝穿衣服的方法

虽说这个月的宝宝身体已经很硬朗了，但给宝宝穿衣服时还应小心谨慎，因为此时的宝宝还不会配合。

在给宝宝穿开襟上衣的时候，可先在床上把衣服展开，让宝宝的脖子对准衣领躺下，然后按从下向上的方向捋起袖子，将宝宝的胳膊伸进去，再把衣袖放下来。妈妈也可把手从袖管伸进去，抓住宝宝的手，轻轻拉出袖外。只要两只袖子穿上了，给宝宝穿上衣的工作就基本大功告成了。只是在给宝宝系扣子时，妈妈最好把一只手垫在扣子下面，以防挤住宝宝的皮肉。

这个月的宝宝可以穿T恤了。由于此时的宝宝头部比身体其他部位大，穿T恤时，妈妈应最大限度地把领口撑开，动作要轻柔，速度要快，注意不要把宝宝的鼻子和嘴堵住。给宝宝穿袖子时基本和穿上衣时一样，妈妈可用一只手把袖子捋到肩部，另一只手伸入袖口，抽出宝宝的胳膊。

给宝宝穿裤子时，妈妈可用一只手抓住宝宝的膝盖，另一只手放在裤腿处轻轻抽出宝宝的脚。当宝宝的两腿伸出裤腿之后，妈妈再支撑住宝宝的腰部和臀部，把裤子提上来。由于少数宝宝可能会因为衣服太紧，长时间存在束胸、束腹现象而使胸廓变形，如果宝宝平时总爱患呼吸道疾病，妈妈在为宝宝穿脱衣服时，要经常认真进行检查，如果确有胸廓变形的疑问，应及时到医院进一步确诊。

营养饮食要点

宝宝辅食的种类及吃法

进入8个月的宝宝，即使再母乳充足，也应该逐渐实行“半断奶”。因为相对这个月的宝宝来说，母乳中的营养成分，已经难以满足宝宝生长发育的需要了。因此，从这个月开始，即使是母乳充足的宝宝，虽然不必完全断奶，但不能再以母乳为主，一定要加多种代乳食品。

用牛奶喂养的宝宝，此时也不能以牛奶为主了，要增加代乳食品，但是每天牛奶的量仍要保持在500～600毫升。

在减少母乳、牛奶的前提下，继续给宝宝增加辅食，辅食应以柔嫩、半固体食物为好，一些宝宝不喜欢吃粥，如果对大人吃的米饭感兴趣，也可以让宝宝尝试吃一些，如果没有发生消化不良等现象，以后可以逐渐增加喂食量。

蔬菜是宝宝生长发育过程中不可缺少的食物，因此给宝宝吃的蔬菜品种尽量多些，以摄取各种不同的营养素，如西葫芦、茄子、胡萝卜、小油菜、西红柿、洋葱等，对经常便秘的宝宝可选菠菜、卷心菜、萝卜、葱头等含纤维多的食物。

给宝宝吃水果时，可把苹果、梨、水蜜桃等水果切成薄片，让宝宝拿着吃。香蕉、葡萄、橘子可整个让宝宝拿着吃。这样既锻炼了宝宝手的抓握能力，又培养了宝宝自己吃食物的兴趣，可算是一举两得。

宝宝辅食用量和餐次

餐次及用量：

母乳：早晨6时，下午2时、6时，晚10时。

其他主食：上午8时、10时，中午12时，下午4时。

辅助食物：

•各种蔬菜任选1～2种，每天变换蔬菜种类，每次吃1～2汤匙，中午12时，下午4时配主食吃。

•各种果汁、水等饮料任选1种，120克/次，下午2时。

•水果泥、蒸蛋羹1～2汤匙，上午10时配主食用。

•浓缩鱼肝油：2次/日，3滴/次

•肝泥、肉末选1种，1次/日。肝末15克/次，肉末20克/次。

体能智能锻炼

训练宝宝爬行的方法

宝宝出生以后，运动系统逐渐发育完善，所以总是静静地躺着睡觉。等出生2～3个月后，宝宝就可以仰头了。随着月龄的增加，到7个月左右时，就开始学习爬行了，到了8～9个月的时候，经过一个时期的训练就可以用手和膝盖爬行，最后发展为两臂和两脚都伸直，用手和脚爬行。所以说，宝宝的手臂和双腿必须协调才能完成这一动作。为了让宝宝尽快缩短学习爬行的过程，父母就要有意识地教宝宝练习。

首先，要有一个适合爬行的场地，比如在一个较大的床或木质地板上，铺上毯子或泡沫地板垫。但无论是什么场地，都要平整而软硬适当。如果场地太软，宝宝爬起来就比较费力；如果场地太硬，不仅爬起来不舒服，还可能使宝宝娇嫩的手和膝盖受到损伤。同时，爬行场地要保证干净卫生，以免宝宝受到细菌感染。

其次，训练时父母要给予适当的协助。如果宝宝的腹部还离不开床面，可用一条毛巾兜在宝宝的腹部，然后提起腹部让宝宝练习利用双手和膝盖爬行。经过这样的协助之后，宝宝的上下肢就会渐渐协调起来，等到把毛巾撤去之后，宝宝就可以自己用双手及双膝协调灵活地向前爬行了。

善于调动宝宝爬行的兴趣

调动宝宝练习爬行的兴趣有两种方法：一种方法是让宝宝俯卧在床上，妈妈在宝宝前面摆弄会叫或会响的玩具，以吸引宝宝的注意力。比如拿一个熊猫宝宝，边晃动，边亲切地叫着宝宝的名字说："聪聪，熊猫宝宝要和你做游戏，快来拿啊！"爸爸则在宝宝身后用手推着宝宝的双脚掌，宝宝想要拿到熊猫宝宝，就会借助爸爸的力量向前移动身体。经过几次这样的训练之后，即使爸爸逐渐减少对宝宝的帮助，宝宝也会自己向前爬了。另一种方法是，在宝宝趴着的时候，在离宝宝不远的前面摆放一个会动或者会响的玩具，等宝宝伸手去够时，就把玩具再向远处挪一点。做这种训练时要注意的是，玩具与宝宝手的距离不能太远，要保持看上去伸手可得但又够不着的程度，只有这样才能起到刺激作用，勾起宝宝想要得到玩具的欲望，调动宝宝向前爬行的兴趣。

健康专家提醒

宝宝扁平足的原因

宝宝快1岁了，全身胖乎乎的十分可爱，尤其是宝宝的双手和双脚，胖得都有肉窝窝。爸爸妈妈总愿意摸一摸，看一看，却发现宝宝的脚底是平的，不知道是什么原因，担心长大了是否是扁平足。

其实，宝宝平的脚底板并非例外，而是常态。原因很多：一是由于宝宝还没开始走路，脚底的肌肉还没有发展成弓形；二是宝宝的脚底有一层厚厚的脂肪，使得形状不易显出来，尤其是较胖的宝宝就更不容易看出来了；三是当宝宝开始学步时，会将两脚分开以求平衡，从而加了更多的重量在脚掌上，使得脚底部呈平坦状。一般来说，大多数的宝宝会随着发育成熟而出现脚底应有的弧度，只有少数宝宝例外。但此时还不能够看出，宝宝将来是不是扁平足。

第34周

日常护理指导

宝宝睡前哭闹怎么办

这个时期的宝宝对妈妈十分依恋，甚至在睡觉时也不愿让妈妈离开。所以，有的宝宝在睡觉时，一看见妈妈要离开就哭。

如果出现这种情况，妈妈可以再返回宝宝的卧室，当确定一切都没问题时，轻轻地亲吻宝宝一下，然后马上离开。一般情况下，大多数宝宝都能止住哭声而慢慢入睡。但是，他们已经懂得如何把妈妈唤回卧室，如果妈妈离开，宝宝也许一再地爬起来大哭，也是还一边哭一边大声地喊“妈妈”。如果此时你满足了宝宝的愿望，再次出现在宝宝身边的时候，宝宝就不会像上次那样容易安抚了，

甚至在你再次离去时会变本加厉。所以，这时最好的办法可能就是任宝宝哭上一会儿了。

妈妈的完全远离，远比过分迁就的效果要好得多。经过几次后，宝宝就学会自己重新躺下好好睡觉了。

宝宝哭闹不能吃空奶头

有的宝宝会在吸完奶，妈妈拔出奶头的一瞬间哭闹不止，为了使宝宝不再哭闹，有些妈妈就将空奶嘴塞到宝宝嘴里让宝宝继续吸，大多数宝宝发现嘴里又有奶嘴，就会停止哭闹，“有滋有味”地吮吸起来，以后只要有这种现象，妈妈就用这种办法使宝宝不再哭闹。其实，这样做坏处很多。

一是宝宝长时间吮吸空奶嘴，易使上下前牙变形，造成宝宝牙齿排列不齐。

二是吮吸空奶嘴会引起条件反射，促进消化腺分泌消化液，等到宝宝真正吃奶时，消化液则供应不足，影响食物的消化、吸收，同时也影响宝宝的食欲。

三是吮吸空奶嘴会将大量的空气

吸入胃肠道中，引起腹胀、食欲下降等一系列消化不良的症状。

四是如果吮吸的空奶嘴没有很好地消毒，还会引起一些口腔疾病，如鹅口疮等。

五是长期吸空奶嘴还会使宝宝养成恋物癖，即只要不给他空奶嘴，他就哭闹。

营养饮食要点

科学合理地摄入脂肪

脂肪虽好，但摄入不合理，同样也会给宝宝的身体带来一定的影响和危害。正确地给宝宝摄入脂肪，有以下两种措施：

制定合理食谱　父母在为宝宝定食谱时，应考虑宝宝的需要，不宜过多，也不宜过少。如果供给脂肪过多，会增加宝宝胃肠的负担，容易引起消化不良、腹泻、厌食；如果供给脂肪过少，宝宝的体重不增，易患脂溶性维生素缺乏症，如缺乏维生素A，容易得夜盲症，缺乏维生素D，容易得佝偻病等。

摄入含不饱和脂肪酸的食物　脂肪的来源可分为动物性脂肪与植物性脂肪两种。动物性脂肪包括动物肉、油、奶等，含饱和脂肪酸。植物性脂肪主要为不饱和脂肪酸，是必需脂肪酸的最好来源。因此，父母在为宝宝调配饮食时，应该多选用植物性脂肪。

常给宝宝吃胚芽食物

谷类胚芽有很高的营养成分。将胚芽混在宝宝的食物当中，不仅提供相当成分的维生素、矿物质以及蛋白质，而且可以培养宝宝对此口味的喜好，等宝宝长大后，这样的嗜好有助于宝宝选择富于营养的食品。

体能智能锻炼

宝宝室内爬行训练

第9个月的宝宝腹部基本可以完全离开地面，用手和膝盖爬行，再大一点，宝宝还可以两臂和两脚都伸直，完成用手和脚爬行的动作。

为了增强宝宝的体力，为以后的站立和行走打下良好的基础，父母一定要充分利用家中条件，经常和宝宝一起做做爬行的游戏，可以参考以下有趣的游戏：

轮流追逐游戏　游戏时，先让宝宝在前面爬，妈妈假装在后面抓宝宝，并在后面说："快抓住你了，宝贝，快爬！"也可以换妈妈在前面爬，让宝宝在后面追，并用话语激宝宝："宝宝，快来抓妈妈呀！"并有意慢慢爬，好让宝宝抓住妈妈。等宝宝抓住妈妈后，一定要给予表扬和爱抚。

爬行比赛游戏　游戏时，可以在毯子的一头放一个宝宝喜爱的玩具，然后大人和宝宝同时从毯子的另一头开始爬，比赛看谁先拿到玩具。

军训游戏　和宝宝做爬行游戏时，可以仿照军训的科目设置各种有趣的爬行游戏。大人弓起身子趴在毯子上，让宝宝从肚皮底下爬过去的"钻山洞"游戏；或者大人躺在毯子上，让宝宝把大人的身体当作障碍物，做"突破封锁线"的游戏。

感知简单的生活常识

这个月龄的宝宝，喜欢把手中的东西往地上扔。父母可以借机教宝宝感知一些简单的生活常识。

游戏一　在地毯上放一块木板，然后拿一辆玩具汽车让宝宝在上面推动，再把玩具汽车放到地毯上让宝宝推动。重复几次这种在不同物体的表面上推动玩具汽车的体验之后，宝宝就会发现，在木板上推动玩具汽车很容易，在地毯上推动玩具汽车就比较费力，于是宝宝就可能放弃在地毯上玩玩具汽车了。

游戏二　在给宝宝洗澡时，准备一个木制的小船和一辆铁制的玩具小汽车，先让宝宝把小船放到浴盆的水面上，小船会漂浮在水面上，而将小汽车放到浴盆的水面上时，小汽车就会沉到水底。反复几次，宝宝就会明白什么可以在水面上玩，什么不可以。

这些游戏中简单的生活常识，可以激发宝宝探索外部世界的兴趣，从而促进宝宝思维能力的发展。

健康专家提醒

宝宝抵抗力下降的原因

有些父母真搞不明白，8个月前的宝宝从来没得过什么病，可进入8个月后却不是感冒，就是发热，而且是三天两头地生病。真是越大了，病反倒来了，这究竟是怎么回事？

原来，8个月以前的宝宝，体内有来自于母体的抗体等抗感染物质以及铁等营养物质。抗体等抗感染物质可防止多种传染性疾病的发生，而铁等营养物质则可防止宝宝贫血等营养性疾病的发生。一般从宝宝出生后7个月开始，由于体内来自于母体的抗体水平逐渐下降，而宝宝自身合成抗体的能力又很差，因此，宝宝抵抗感染性疾病的能力逐渐下降，容易患各种感染性疾病，尤其常见的是感冒、发热。

一般宝宝要到6～7岁以后，自身各种抵抗感染的能力才能到达有效抗病的程度，此时，各种感染的机会就会明显减少。同样，一般从7个月开始，因宝宝体内多种出生前由母体提供储备的营养物质已接近耗尽，而自己从食物中摄取各种营养物质的能力又较差，此时如果父母不注意宝宝的营养，宝宝就会发生营养缺乏性疾病，如小儿缺铁性贫血、维生素D缺乏性佝偻病等。

如何增强宝宝的体质

为使7个月的宝宝能提高抵抗疾病的能力，父母要积极采取措施增强宝宝的体质，主要做好以下几点：

按期进行预防接种，这是预防小儿传染病的有效措施。

保证宝宝的营养。各种营养素，如蛋白质、铁、维生素D等都是宝宝生长发育所必需的，而蛋白质更是合成各种抗病物质如抗体的原料，原料不足则抗病物质的合成就减少，宝宝对感染性疾病的抵抗力就差。

保证充足的睡眠也是增强宝宝体质的重要方面。

体格锻炼是增强宝宝体质的重要途径，可进行主被动操以及其他形式的全身运动。

多到户外活动，多晒太阳，多呼吸新鲜空气。

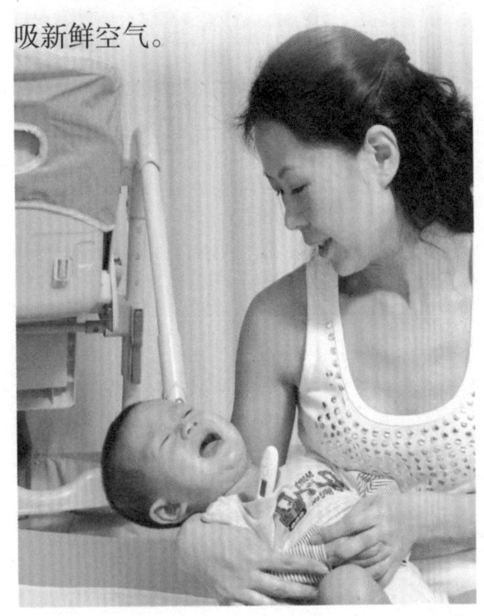

第35周

日常护理指导

给宝宝穿衣服要温柔耐心

这个月的宝宝活泼爱动，妈妈在给宝宝穿衣服时，一定要足够温柔和耐心。

在给宝宝穿衣过程中，要用温和的笑容吸引宝宝的注意力，并且和宝宝说话，让宝宝始终保持轻松愉快的心情，只要得到宝宝的配合，穿衣服的工作就变得简单而轻松了，甚至还可以让宝宝也动手参与穿衣的过程。套头衫比较难穿的。这时应先把领口撑宽，再往宝宝的头上套。穿衣袖时，应当将衣袖沿着宝宝的胳膊往上套，而不是把宝宝的胳膊从袖子里拽出来。

让宝宝尽快入睡

到了第9个月的时候，有的宝宝不像以前那样能很快入睡了，好像总也玩不够，完全没有要睡觉的意思。如果宝宝有上述情形，父母就有必要下点儿工夫让宝宝尽快入睡了，否则会导致宝宝睡眠不足，不仅影响身体正常发育，而且也容易使宝宝形成不稳定的性格。

如果白天睡不够，或者晚上睡得太晚，就说明宝宝的作息时间不正常。一般情况下，没得到充足睡眠的宝宝通常很难入睡，而且夜里容易醒来，白天也精神不佳。要想使宝宝尽快入睡，以下具体方法可供参考：

方法1　先让宝宝吃饱，再换个尿布，也可以让宝宝玩一玩安静的游戏或是帮助宝宝放松精神。最后，让宝宝在光线暗的卧室里躺下，就会很快入睡了。

方法2　给宝宝换好尿布后，就让宝宝躺在床上。可以柔声地给宝宝讲个故事，也可以放一段摇篮曲或唱支轻柔的儿歌。

方法3　如果宝宝实在难以入睡，妈妈可以稍微抱抱宝宝，但绝不可让宝宝兴奋，宝宝一旦兴奋起来，想安静下来就没那么容易了。

方法4　适当增加白天的户外活动时间，除了与人交往外，还应多到大自然中去，让各种动植物和其他自然景观给宝宝以良好的感官刺激，使宝宝获得心理的安宁与美的享受。宝宝白天活动强度适当加大以后，晚上就可能很快入睡了。

营养饮食要点

发热时的辅食

正在停掉母乳的宝宝生病时，还能不能让宝宝吃辅食？其实，在宝宝病情不太严重的情况下，一部分辅食不仅可以吃，而且还有利于宝宝身体的恢复。比如苹果，把苹果去皮后磨碎，做成辅食，不仅味道可口，还易于消化、吸收，有利于宝宝疾病的好转；胡萝卜富含维生素A，可增强抵抗力；卷心菜含有植物纤维、维生素，以及大量水分、苏氨酸等，对正在成长的宝宝来说是必不可少的。

腹泻时的辅食

土豆易消化，所含的钾比大米要高出16倍，含有的维生素遇热后也不会被破坏，是宝宝很好的补益食品，对治疗腹泻有明显效果。准备胡萝卜半个、土豆1个、青菜适量、大米2大勺和海带汤2杯。把大米洗干净，浸泡3个小时左右。然后将胡萝卜、土豆去皮切成半月形，再把青菜切好，把米和菜放入锅里再倒入海带汤，一直煮到米烂为止。如果宝宝腹泻严重，应多加点水，煮成像米汤一样即可。

体能智能锻炼

爬行不仅可以使宝宝全身的肌肉得到运动，促进宝宝运动功能的发育，而且还有利于宝宝大脑的发育，扩大宝宝认识和感知世界的范围。进一步训练宝宝爬行可以参考以下方法：

爬楼梯训练

如果家中有多于三阶的楼梯，可以让宝宝练习爬上爬下。在训练时，应一直守护在宝宝身边，绝不能让宝宝一个人进行这种训练。平时，务必在楼梯口加装安全门，并将安全门锁好。总之，爬行是比较难学的动作，必须耐心地训练宝宝才能突破这艰难的一关。

健康专家提醒

少吃或不吃果冻

有些父母喜欢给宝宝吃果冻，但宝宝如果边玩边吃，会不慎将果冻吸入气管内，易发生危险。一旦出现这种情况，需要迅速采取急救措施：立即抓住宝宝两腿，将宝宝倒提，头向下，在背部的肩胛之间拍打几下。再让宝宝仰面躺下，用力拍打胸骨之间5次。重复数次，直到吐出果冻为止。如果无法取出果冻，应立即将宝宝送往医院。对于小宝宝，应少吃或不吃果冻为佳。

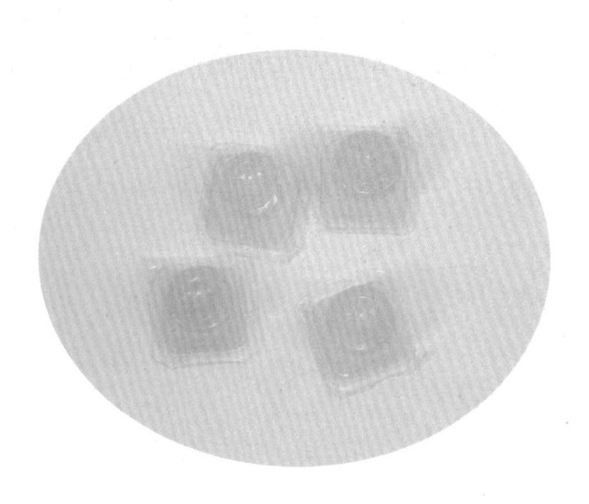

第36周

日常护理指导

白天的睡眠减少

随着宝宝肢体运动能力的进展，越来越多的外界事物也吸引着宝宝，不少宝宝突然之间减少了白天睡眠的时间，原来白天睡两次的宝宝，现在只睡一次了，这样的睡眠时间正常吗？

其实，睡眠时间的多少并不重要，重要的是宝宝是否需要。在这个阶段，有少数宝宝甚至白天完全不睡，有的是两次减为一次（而且通常减少了早上那一次，也有些宝宝则是减少了下午那一次），但也有的宝宝还始终保持白天要睡两次。无论是以上哪种情况，只要不影响宝宝晚上的睡眠都是正常的。所以，父母要观察宝宝白天的反应，如果白天精神不佳，也不愿与父母合作，就应该让宝宝适当补充睡眠。如果宝宝没有上述状况，父母就不要过于担心。

别给宝宝玩手机

使用手机时电磁波可以进入大脑，因为使用手机时，人体成了天线的一部分。在相同条件下，宝宝受到手机电磁波的伤害比成人大，因为他们头小、颅骨薄。

宝宝大脑吸收的辐射相当于成人的2～4倍。专家认为，手机的电磁场会干扰中枢神经系统的正常功能。宝宝正处于中枢神经系统的形成和发育期，常用手机肯定会影响大脑的发育，同时，宝宝的免疫系统尚未彻底形成，手机辐射也会影响到宝宝自身的免疫能力。

营养饮食要点

呕吐时的辅食

萝卜对于酵母菌引发的消化不良及消化器官未发育完善的婴儿有着极其重要的作用。把萝卜、糯米做成辅食，能有效地治疗宝宝发热后出现的呕吐或干呕症状。大米1大勺、糯米1大勺、萝卜汁1/3杯和水1杯半。把洗净的萝卜、大米和糯米，放入水中浸泡30分钟；萝卜榨汁。将泡好的大米和糯米放入锅里，加入萝卜汁和水，用小火煮开；等米和糯米焖熟后，把汤凉好，盛汤给宝宝喝。

出疹时的辅食

菠菜性凉味甘涩，能有效地治疗出疹，不会产生过敏性反应，可以放心地给出疹的宝宝吃。准备面粉1/3杯、菠菜2棵、西红柿半个、大葱少许和肉汤2/3杯。先把面加水和好后放30分钟，再将菠菜在开水中焯好，切成2～3厘米长，然后切葱花。把肉汤倒入锅里，放上菠菜、西红柿、葱花一直煮到开锅。然后将和好的面擀薄，先切成2厘米宽的条状，再揪成小面片儿放入锅里，稍煮片刻，即可食用。

体能智能锻炼

教宝宝学说话

宝宝说话是多么令人激动的事情啊！开始宝宝可能只会说一个字，然后发展为两三个字，接着是能说两三个字组成的句子。这时，父母应注意自己说话要比以往任何时候都要清楚简洁，意思明确。例如："我们洗洗手吧，是吃饭的时候了。"而不要说成："因为我们过5分钟后就要吃饭了，是我们该洗手的时候啦。"宝宝跟你说话，你回答时要根据他所说的加上几个词。宝宝可能说的是："爸爸，吃。"这时你可以重复为："对啦，爸爸和你一起吃饭啦！"或者说："爸爸吃饭了。"

感受大自然

在这个时期，宝宝的心理活动发

展得很快，已经出现了认生、害羞、兴奋和烦躁等各种情绪反应。根据这些心理发展特征，除了日常护理和与宝宝做各种适合的游戏之外，还应带宝宝到大自然中去，让自然界的各种动植物、自然景观，给宝宝以良好的感官刺激，使宝宝得到心理的安宁与美的享受，进一步培养宝宝稳定的情绪、美好的情感，为以后形成良好的性格奠定基础。

比如，在不同的季节，可以让宝宝看太阳、看月亮、看彩虹、看下雨、看飘扬的雪花等自然景观；平时，也可以带宝宝到公园去，看各种鲜艳的花朵、各种各样的动物，如飞舞的彩蝶和蜻蜓、色彩斑斓的金鱼。宝宝不仅对动态的自然景色特别感兴趣，而且对形状各异的假山、雕塑和弯弯的小桥等具有鲜明特色的静态景观也常常会看得目不转睛。

健康专家提醒

帮助宝宝清洁牙齿

从宝宝一出生父母就应开始帮助宝宝清洁牙齿了，因为，乳牙龋病预防的最重要时期是牙齿开始萌出，到萌出后3年之内。2岁以内的宝宝，还不会自己进行牙齿的清洁，这就需要父母的帮助。具体可采用以下几种方法：

开始时，可在宝宝进食后喂点温开水，以便冲洗口腔中残留的食物。再将干净的纱布裹在用于清洁的食指或中指上，轻轻擦洗宝宝的上下牙齿及牙龈。因为食物最容易滞留在牙颈部，因此，擦洗方向应从牙颈部向牙齿咬东西的切端移动。

也可用一种硅橡胶制成的牙刷指套，来代替纱布，按照上述的方法清洁宝宝的牙齿。宝宝再大一些时，父母就可以让宝宝自己刷牙了。刚开始时，宝宝都是将牙刷含在嘴里，边玩边咬，进行简单的横拉动作，这时，父母应告诉宝宝，力量不要过大，防止牙刷损伤牙龈及口腔软组织。并且逐步帮助宝宝养成清洁牙齿的正确方法。

第十章

37～40周　宝宝终于能站立了

第37周

日常护理指导

把握好生活节奏

这个月龄的宝宝室内外的活动越来越丰富多彩，除了按照宝宝的睡眠习惯安排睡好白天的睡眠之外，还要安排宝宝吃饭、外出、洗澡、喂奶、游戏、换衣服或尿布，直到晚上就寝等事项，最好制订一个作息时间表，每天都按时作息，这样不仅可以有规律地做好每一件事，而且能帮助宝宝养成有规律的生活习惯。

培养宝宝的模仿能力

模仿是一种观察别人并付诸实践的行为，模仿能够促进宝宝的智力发展。在日常生活中，要充分利用一切机会，让宝宝模仿大人的行为，并要有意引导宝宝跟着做。

比如当宝宝叫人的时候，妈妈或爸爸就要在口头答应的同时，并对宝宝说："宝宝，看着妈妈（爸爸）。"然后开始上下有节奏地点头，看宝宝是否也在轻轻地点头。只要宝宝稍微动了一点，妈妈或爸爸就把点头的幅度增大一些，让宝宝模仿。然后，妈妈或爸爸叫声："宝宝。"仍可利用上述办法教宝宝模仿点头动作。因为宝宝在这个阶段只会用头部进行大致的模仿，等过一段时间后，再教宝宝用手、嘴等其他身体部位进行模仿。比如，在给宝宝洗手洗脸时，可以利用宝宝的模仿心理，让宝宝按照口令行事，教宝宝学习擦手动作等。

营养饮食要点

宝宝辅食的变化

本月在为宝宝准备食物的时候，要制订出营养计划和营养安排，同时还要保证食物营养丰富，品种齐全，在数量上也可以适当地有所增加。根据这个原则，应该给宝宝增添乳类、蔬菜类、水果类、面食类、海藻类食品，注意食品烹制方法要多种多样，以增进宝宝食欲。

停止给宝宝喂泥状食物

9个月的宝宝可以开始吃一些比较粗粒的食物，有些片状的食物也可以。如果给宝宝长时间食用泥状的东西，宝宝会排斥需要咀嚼的食物，而愈来愈懒得运用牙齿去磨碎食物。这对于摄取多样化的营养成分，以及对宝宝牙齿的发育，有很大的影响和阻碍。

体能智能锻炼

增加爬行训练的难度

父母在对这个月的宝宝进行爬行训练时，要增加训练难度了。如果是在家里，可以用棉被或桌子等做成有一定坡度的爬行环境，让宝宝上下爬行，父母也可以和宝宝做爬行追逐游戏，以刺激宝宝的兴趣，提高宝宝的爬行速度。如果到室外活动，可以在有坡度的地方和宝宝做上坡、下坡的游戏，或者让宝宝在凹凸不平的地方爬行。但应该注意的是坡度不要太陡，要认真清理场地，地上不仅要相对干净，而且不能有石块、水坑或其他容易伤及宝宝的东西，最好是在铺有细沙的场地上进行训练。

宝宝独自站立的训练

训练宝宝独自站立时，可以先让宝宝两条小腿分开，后背和小屁股贴墙，脚跟稍离开墙壁一点儿。可以用玩具逗引宝宝，宝宝就会因张开小手或想迈动脚步而晃动身体，从而锻炼腿部的力量和身体的平衡能力。父母也可以扶住宝宝的腋下帮助宝宝站稳，再轻轻地松开手，让宝宝尝试一下独站的感觉。还可以先扶住宝宝的腋下，训练宝宝从蹲位站起来，再蹲下再站起来，每天反复多次。

健康专家提醒

不要让宝宝长时间坐立

有的父母看到宝宝已经能够自己坐着和站立了，就认为多让宝宝坐立可以使宝宝的肌肉更结实，身体更加有劲儿，可以更早地学会其他本事。其实，这种想法动机是好的，但效果不好，甚至是有害的。

这是因为，宝宝现在的肌肉力量还很弱，还不能完全把自己支撑起来，在这种情况下，几分钟的坐立宝宝还能勉强支撑，但坐的时间长了，就会造成宝宝的脊柱弯曲，不但会影响宝宝的形象，而且对宝宝身体的发育也会造成一定的影响。另外，让宝宝早站立、长时间地站立，还会使宝宝的脚长成扁平足，对今后的走路也会带来一定的影响。

正确的做法是，在宝宝学会坐后可每天间断地、短时间地让宝宝坐一会儿，从每次坐1～2分钟，逐渐延长。宝宝站立的时间也一样。要注意的是，在宝宝学坐、学站或坐着玩时，父母一定要在旁边注意保护，以防宝宝跌倒受伤。

要随时保持玩具的清洁卫生

玩具是宝宝每天都要接触到的，如果玩具不卫生，宝宝就会遭受致病菌的感染。因此，在给宝宝选择玩具时，首先要选择那些便于清洁的，如布制的、塑料的、木头的等。同时，还要随时保持玩具的清洁卫生。

首先，要教育宝宝在玩玩具的过程中保持清洁卫生，如不用脏手拿玩具，不将玩具放在脏的桌上和地上。对于那些暂时不玩的玩具，父母要将它们装入盒子或收置在橱柜内。最重要的是要定期清洗、消毒、曝晒玩具。宝宝经常玩的玩具，一般每两周清洗1次，清洗过的玩具，应在消毒水中浸泡10分钟。消毒水可按以下方法配制：盐与水按1：8的比例混合。消毒后还要将玩具放在阳光下曝晒，这样，就能杀灭许多细菌，保证玩具的清洁卫生。

第38周

日常护理指导

不要给宝宝穿太多衣服

这个月龄的宝宝活动量大，容易出汗，因此衣服不要穿得太多，总的原则是和妈妈穿得差不多就行。如果宝宝的活动量较大，也可以比妈妈适当少穿一些。但是，由于每个宝宝的身体健康状况，以及妈妈的养育方法不同，对每个宝宝穿衣多少很难有一个统一的规定。一般来讲，以下原则可供参考。

在春秋季节，可给宝宝穿毛衣、毛裤或绒衣、绒裤。在夏季，男宝宝可穿背心短裤，女宝宝可穿无袖连衣裙。在冬季，除了室内服装外，还应有外衣，外出时还要戴上帽子和手套，以免冻伤宝宝的手和耳。

总之，这个月龄的婴儿活动量较大，衣服不要穿得太多。如果宝宝在安静时身上也有汗，就说明穿多了，应适当减少一点。如果宝宝的手脚发凉，就说明衣服穿得不够，应适当再增加一点。通过感知宝宝手脚的温度，基本能判定穿得多与少，只要宝宝的手脚保持温热即可。

不宜给宝宝睡软床

这个时期的宝宝生长发育迅速，骨骼开始定型，特别是脊柱正在逐渐形成。但是，这个时期的宝宝，由于骨骼中的有机质含量多，无机质含量相对较少，因此非常有弹性，也很柔软。如果经常让宝宝睡在比较软的床上，就会影响正常生理弯曲的形成，易形成驼背或漏斗胸，甚至还会影响腹腔内脏器官的发育。所以，平时要让宝宝睡铺有棕垫的床，不要睡铺有海绵垫的床。此外，也不要让宝宝总是侧卧睡眠，否则还会造成脊柱侧弯。

营养饮食要点

宝宝一日食谱参考

在给宝宝安排食谱时，可以参考以下方案。

早上8：00：牛奶180毫升，面包片。

上午10：00：水100毫升，饼干2块（或馒头片）。

中午12：00：米饭小半碗，鸡蛋1个，蔬菜适量。

下午3：00：牛奶180毫升，小点心1个，水果一点。

下午6：00：稀饭1小碗，鱼、肉末、蔬菜适量。

晚上9：00：鲜牛奶100毫升。

中午吃的蔬菜可选菠菜、大白菜、西红柿和胡萝卜等，切碎与鸡蛋搅拌后制成蛋卷给宝宝吃。下午加点心时吃的水果可选橘子、香蕉、草莓和葡萄等。

少给宝宝吃甜食

越晚给宝宝吃甜食越好，有时宝

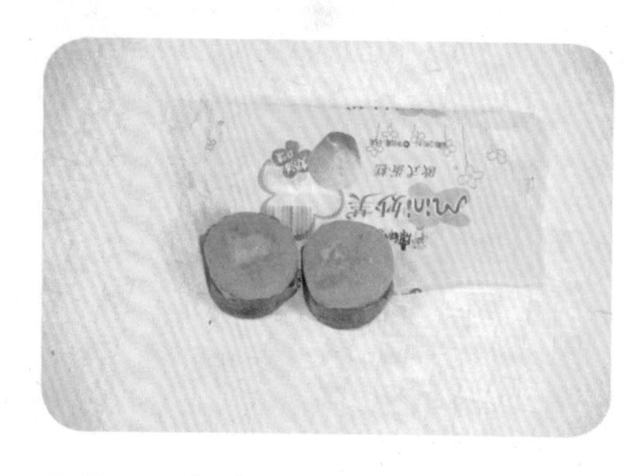

宝甚至还喜欢食物的原汁原味呢。多让宝宝吃些蔬菜。偶尔喂一些果制饼干、蛋糕当然可以，但是不要成为每天的例行饮食，取代了新鲜的水果。

体能智能锻炼

手部技能与全身运动配合训练

宝宝的手指越来越灵活，控制能力也越来越好了。宝宝能用两只手握住杯子，或者自己拿勺子进食，虽然食物撒得很多，但宝宝毕竟能把小勺放到自己的嘴里了。宝宝还能把抽屉开了又关上，并会开启瓶盖。当妈妈和宝宝一起看书时，妈妈翻书，宝宝也跟着翻，尽管宝宝往往一翻就是好几页，但毕竟宝宝的手指能够把纸页翻起来了，这也是一个不小的进步。

能使宝宝手部运动和全身运动相配合的最好方式是室内球类游戏。比较适合这个月龄宝宝的球类游戏可以参考以下两种：

踢球游戏　父母可以把一个皮球悬挂在宝宝面前，让宝宝靠着栏杆站立，鼓励宝宝用脚去踢皮球，皮球悬起的高度应以宝宝轻轻一抬脚就可踢到为宜，等踢得熟练之后，再慢慢把高度提高。如果宝宝踢得很好、很准或很有力，父母要及时给予表扬和鼓励。

击球游戏　在做击球游戏时，可以让宝宝坐在床上或地板上，在宝宝前面放一个皮球，父母先用小木棒轻轻地击球给宝宝看，然后将皮球拿回宝宝面前，并把小木棒交给宝宝，一边说“宝宝，把球打出去”一边指导宝宝击球。

如果宝宝不知道怎样做，父母还可以手把手地教。当宝宝学会了之后，父母也可以拿一个小木棒，与宝宝对击。

让宝宝听听自己的声音

录下宝宝的声音以及你和宝宝交谈的声音，然后把声音放出来，观察宝宝的反应。有些宝宝一听到声音就变得十分活跃、激动，并发出兴奋的声音，而另一些宝宝却显得十分平静。大一点儿的小宝宝还会按一按播放器的按钮，感到很有趣。

健康专家提醒

分析宝宝喜欢晃脑袋的原因

这个时期，有些宝宝会时不时地在墙上、婴儿车上或者在某一个地方用头撞东西或摇头晃脑。导致这种现象的原因有几种。

宝宝想模拟父母抱着他摇晃时的感受，通常在没人抱的时候就会发生摇头晃脑的现象。长牙的宝宝是因为疼痛而用摇头晃脑来缓解痛楚。通常等牙齿长出后，宝宝便会停止这种晃动，除非是已经成为习惯。宝宝在上床睡觉时，或是半夜醒来时会有此行为，这样的活动有助于宝宝入睡。

宝宝在断奶、学步、换保姆后出现这种现象。这样的行为可能会因宝宝生活中某些外加压力而增强。性子急的宝宝也会发生撞头现象。

一般而言，摇头晃脑约始于6个月，用头去撞东西则大概从9个月开始。这种习惯的持续时间有长有短，少则几周、几个月，多则甚至一年以上。但大多数的宝宝会在3岁之前自动停止这些动作。

宝宝摇头晃脑的解决办法

对于宝宝摇头晃脑的行为，父母千万不能采取打骂的办法，这不仅无益于解除问题，反而会使问题更严重。摇摆震荡本身对宝宝的健康并无损害，也与神经或心理上的异常完全扯不上关联。只要宝宝平时很快乐，生气时也不会猛撞墙，就不要担心。但如果宝宝绝大多数时间在做这些动作，还有其他某些异于平常的举止，如发育迟缓，或者总是不快乐，就需要去医院了。为帮助宝宝渡过这段时期，父母要做好以下几方面的事情：

多给宝宝一些关爱。白天也好，上床时间也好，多为宝宝提供一些有节奏性的活动。如抱着宝宝一起坐在摇椅上，或教宝宝自己坐儿童专用椅。给宝宝一些玩具乐器，甚至仅仅一个汤匙加上一个水壶，宝宝便能敲出声音。让宝宝坐秋千，陪宝宝玩拍手或做其他手指游戏。

白天尽兴地玩。如果宝宝用头撞东西，大部分是发生在婴儿床中，就别太早放宝宝进去，等宝宝很困倦时再放进去。

上床入睡前要有足够时间让宝宝平静下来。建立一套睡前仪式（静态的游戏），比如拥抱、抚摸、轻微摇晃（但不能摇到其入睡）。为防止宝宝在小床里又蹦又跳，或者撞来撞去受伤，最好在宝宝的小床下面铺一块厚厚的地毯，让小床远离墙壁及其他家具，可能的话，周围加上一些垫子以缓和万一造成的撞击。

第39周

日常护理指导

为宝宝建立合理的生活制度

合理安排宝宝的睡眠、吃饭、大小便以及玩耍等生活内容，养成规律的生活习惯，有利于宝宝神经系统与消化系统的协调工作，对宝宝的身体健康和心理发展都具有重要的意义。

就餐规律　由于宝宝的消化功能较弱，每次食量不宜过多，所以为保证宝宝能从膳食中得到充足的营养，应适当增加就餐次数。一般来说，这个月龄的宝宝每天可以安排就餐5次，包括吃饭、喝奶及点心，两餐之间应间隔3个小时左右。

睡眠规律　由于宝宝的神经系统还没有发育成熟，大脑皮质的特点是既容易兴奋，又容易疲劳。如果得不到及时的休息，就会精神不振，食欲不好，以致容易生病。如果睡眠充足，可以使脑细胞恢复工作能力，而且在睡眠时分泌的生长激素较清醒时多。

活动规律　由于宝宝的身体正处在生长发育比较迅速的时期，所以应保证有一定的室内活动及户外活动时间。每天户外活动时间至少应有2个小时，这有助于宝宝的身心发育。

对宝宝的每一个小小成就都要及时给予鼓励

10个月的宝宝已经能听懂大人常说的赞扬话，并且喜欢得到表扬。在宝宝为家人表演某个动作或游戏做得好时，如果听到大人的喝彩称赞，宝宝就会表现出兴奋的样子，并会重复原来的语言和动作，这就是宝宝初次体验成功和欢乐的一种外在表现。所以，当宝宝取得每一个小小的成就时，父母都要随时给予鼓励，以求不断地激活宝宝的探索兴趣和动机，维持最优的大脑活动状态和智力发展。对于宝宝成长来说，还有利于宝宝形成从事智慧活动的最佳心理背景。

营养饮食要点

训练宝宝自己进餐

9～10个月的宝宝，有了很强的独立意识，吃饭时总想自己动手摆弄餐具，父母千万不要放过这个大好时机。因为这个时候正是训练宝宝自己进餐的好时机。对食物的自主选择和自己进餐，是宝宝早期个性形成的一个标志，而且对锻炼协调能力和自立很有帮助。

吃饭前，最好在地上铺一块塑料布，以防宝宝把汤水洒在地上。然后把宝宝放在专用的椅子上，给宝宝戴上围嘴，不要忘记将宝宝的小手洗干净。开始吃饭时，妈妈可以准备两个碗和勺，一套自己拿着，给宝宝喂饭；另一套给宝宝，并在其中放一点食物让宝宝自己拿着吃。

给宝宝制作小食品

进入9个月的宝宝，已经开始把过去的辅食作为主食了，因此，辅食做得好坏，直接关系到宝宝身体的好坏。今后喂养宝宝的重点，就是为宝宝制作食品，下面介绍几种小食品的制作方法，供爸爸妈妈们参考：

■ 肉末海味面条

原料：面条15～20克，肉末2小勺，海味汤，淀粉适量。

做法：先把面条放入热水中煮后切成小段，与肉末一起放入锅内，加海味汤后用微火煮，煮熟后再加适量酱油和淀粉糊倒入锅内，吃时加少许鸡精即可。

特点：面条柔滑，汤鲜味美，营养价值高。

■ 香蕉玉米面糊

原料：玉米面2大勺，牛奶半杯，香蕉1/3根（剥皮切成薄片），白糖适量。

做法：把玉米面和牛奶一起放入

锅内，上火煮至玉米面熟了为止，再加香蕉片，放到玉米面糊中，吃的时候放入少许白糖即可。

特点：香浓黏稠，美味可口。既有玉米面的清香，又有香蕉和牛奶的醇香。非常适合宝宝的口味。

体能智能锻炼

培养宝宝广泛的兴趣

这个月的宝宝对身边的一切事物都会表现出浓厚的兴趣，抓住宝宝的这个特点，父母可以在游戏中培养宝宝广泛的兴趣。

寻找的兴趣。把宝宝最喜爱的玩具用毛巾等遮盖起来，不要全部遮住，让宝宝容易寻找。父母也可以用毛巾遮住自己的头，让宝宝把毛巾揭开看到父母。或者父母躲在门后，只露出一只手或者脚，然后让宝宝寻找。

解决问题的兴趣。可以用玩具手机或电话座机，先拨动号码发出声音，然后做出接电话的姿势。当宝宝知道怎么玩之后，再让宝宝自己尝试。也可以给宝宝准备一个储物箱，在里面装满各种安全有趣的东西，让宝宝将里面的东西拿出来，然后再放进去。还可以把宝宝喜爱的玩具用纸包起来，然后让宝宝打开纸包去寻找。

训练识别不同的态度

让宝宝从小就能识别父母不同的表情，可以让宝宝领会父母的情绪，明白什么该做什么不该做，借以提高宝宝对事物的观察和判断能力，增强宝宝的自我约束能力。

当宝宝使劲摔玩具或要撕坏一本完好的书时，父母就可以皱起眉头盯着宝宝看，板起脸来用“严厉”和“不高兴”等面部表情来阻止宝宝的这种行为，然后观察宝宝是否领会了父母的情绪而停止行动。如果宝宝没有领会，父母就应该把玩具拿过来放到自己身后，或者把书从宝宝手中拿过来并说明理由。当宝宝向父母要玩具或书，而父母不给时，父母再重复做上述表情，宝宝慢慢就领会了。

健康专家提醒

宝宝牙齿长得慢和遗传有关吗

大多数宝宝在9个月的时候，就已经长出3～5颗牙了，但也有宝宝一颗牙齿也没长出来。为此，父母很担心，为什么自己的宝宝与别的宝宝不一样呢？其实，宝宝的牙齿，有的会出得早一些，有的会出得晚一些，时间跨度在3～12个月。9个月的宝宝没长出一颗牙，父母也不必为此担心。

但为什么宝宝出牙有早有晚呢？这与遗传有关，与智力和发育无关。即使宝宝没出一颗牙，父母也不能因此延缓宝宝吃比较硬的食物。因为在臼齿长出来之前，大多数咀嚼都是靠牙龈来完成的。

不能捏宝宝的鼻子

有些人见宝宝鼻子长得扁，或想逗宝宝玩儿，常用手捏宝宝的鼻子。这么做看似没什么，却会给宝宝造成一定的伤害。因为宝宝的鼻腔黏膜娇嫩、血管丰富，外力作用过大会引起损伤或出血，甚至并发感染。从生理构造上讲，婴幼儿的耳咽管较粗短且直，位置较成人低，乱捏鼻子会使鼻腔中的分泌物通过耳咽管进入中耳，极易发生中耳炎。因此，最好不要乱捏宝宝的鼻子。

第40周

日常护理指导

睡前不宜给宝宝吃东西

有些父母怕宝宝睡觉时肚子饿而睡得不踏实，就在睡前给宝宝再吃一些食物。还有的父母担心宝宝营养不够，怕影响宝宝的生长发育，也总想千方百计地让宝宝多吃一点，长胖一点。入睡前，不仅宝宝的大脑处于疲劳状态，而且胃肠消化液分泌减少，使胃肠道的负担加重，不利于食物的消化和吸收，同时还影响宝宝睡眠质量，宝宝会因撑得难受而睡不安稳。

这种做法不仅会对宝宝造成上述影响，而且还会因宝宝没等食物全咽下去就睡着了，嘴里存留的食物特别

容易损坏宝宝的牙齿。所以，为了给宝宝充足的睡眠，为了宝宝的健康，在睡前不要给宝宝吃东西。

营养饮食要点

宝宝饮食的调理及选择

从本月开始，妈妈要逐渐将喂奶的次数减少1次，每天保证600毫升奶即可，然后增加辅食的量、种类。制作质要相对大些、粗些，如肉末、菜末，以及土豆、白薯等含糖较多的根茎类食物。

宝宝的中餐、晚餐以辅食为主。注意不要给宝宝喂食以下食品：元宵、粽子等糯米制品；肥肉、巧克力等不易消化的食品；花生、瓜子、炒豆、果冻等易误入气管的食品；咖啡、浓茶、可乐等刺激性较强的饮料。9个月的宝宝不用给果汁了，可以直接吃西红柿、橘子、香蕉等。苹果切成片状，让宝宝自己啃着吃。草莓可以磨碎了吃。

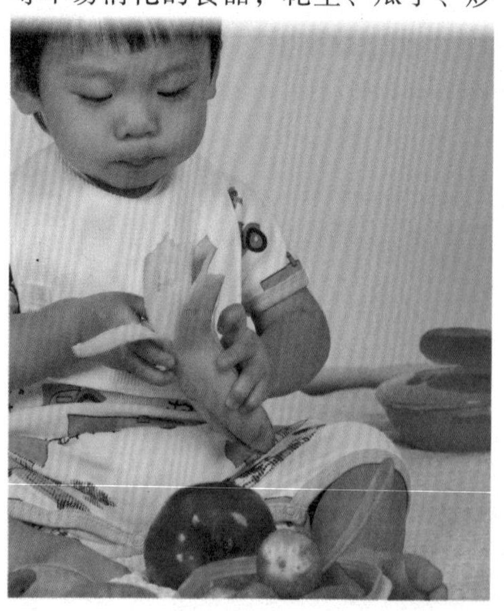

总之，要没有块状物才可以给宝宝吃。点心类主要以软的为主，如面包、蛋糕等。

培养宝宝低盐饮食习惯

因为宝宝现在是以吃食物为主了，而食物本身已有天然盐分，宝宝并不需要多余的盐，所以在准备宝宝的食物时别再放盐，更别提供咸的零食，以免宝宝口味太重，要让宝宝从小养成低盐饮食的好习惯。

体能智能锻炼

社交礼仪早锻炼

这个月龄的宝宝，已经有一定的活动能力，对周围世界有了更广泛的兴趣，有与人交往的社会需求和强烈的好奇心。因此，父母每天也应当抽出一定时间和宝宝一起做游戏，进行情感交流。也可适当地寻找机会招待小朋友到家里来，或带宝宝到别的小朋友家做客。在与其他小朋友相处时，要教会宝宝“拍手、再见”等手势。就算宝宝跟别的小朋友玩不到一起，这种体验也和宝宝自己一个人玩时截然不同。

在游戏中让宝宝感知一些简单的生活常识

这个月的宝宝，常常喜欢把手中的东西往地上扔。父母可以借机教宝宝感知一些简单的生活常识。

推动玩具车　在地毯上放一块木板，然后拿一辆玩具汽车让宝宝在上面推动。再把玩具汽车放到地毯上让宝宝推动。这种在不同的表面上推动玩具汽车的体验重复几次之后，宝宝就会发现，在木板上推动玩具汽车很容易，在地毯上推动玩具汽车就比较费力，于是宝宝就可能放弃在地毯上推玩具汽车了。

碰落物体　婴儿椅最适合玩碰落物体游戏，因为宝宝坐得越高，扔下物体时的碰撞声音就会越大。在婴儿椅的餐盘里放一些茶匙，并在地板上放一个烘烤盘，这样就可以在茶匙落下时发出很大的碰撞声来。玩这个游戏时，瓷砖地板效果最好。木质地板也可以，但是如果地板上铺有地毯时，就需要烘烤盘来保证响亮的声音了。

这些游戏中简单的生活常识，可以激发宝宝探索外部世界的兴趣，从而促进宝宝的思维能力和全面智力发展。

健康专家提醒

宝宝产生“八字脚”的原因及预防措施

所谓“八字脚”是一种下肢的骨骼畸形，分为“外八字脚”（“X”形腿）和“内八字脚”（“O”形腿，一般人称“罗圈腿”）。一般“外八字脚”多见于学走路的宝宝，而“内八字脚”则多见于已经会走路的宝宝。

造成“八字脚”的主要原因是宝宝缺钙。此时宝宝骨骼因钙质沉

积减少、软骨增生过度而变软，加之宝宝已开始站立学走路，变软的下肢骨就像嫩树枝一样无法承受身体的压力，于是逐渐弯曲变形而形成“八字脚”。另外，不正确的养育方式也可能导致“八字脚”的发生，如打“蜡烛包”、过早或过长时间地强迫宝宝站立和行走等。

为防止宝宝发生“八字脚”，首先要防止宝宝发生缺钙现象。父母要及时增加宝宝饮食中的钙含量，可多吃豆制品等。其次可以让宝宝多晒太阳和在医生的指导下适当服用维生素AD制剂。如怀疑宝宝缺钙，应及时带宝宝到医院进行检查和治疗。

宝宝磨牙怎么办

10个月的宝宝，虽然牙齿只有4～6颗，但有时也发生磨牙现象。宝宝磨牙，有两种原因。磨牙是一种缓解紧张情绪的方式，比如宝宝感到惊恐了、害怕了、不安了等；而有些宝宝磨牙，是宝宝无意间发现，新长出的牙齿相互摩擦会生出这样好玩的感觉和声音，便把这当作游戏了。

若想减少宝宝磨牙的机会，父母首先要尽可能地将宝宝生活中的压力降到最低，比如，宝宝一时断不了奶，就不要硬性地断奶，让宝宝有一个逐步适应的过程。对于爱发脾气的宝宝，在休息或睡觉之前，给宝宝充分的关注与温暖，有助于宝宝放松情绪，除了安抚外，还要让宝宝有一个发泄的渠道和东西。比如让宝宝敲打玩具、转移宝宝的注意力等，这样，宝宝磨牙的机会就会相对减低。在大多数的情况下，随着宝宝应变能力的增强，这种习惯会逐渐消失。如果宝宝的磨牙情形不减反增，就应该去请教儿科大夫或儿童牙医了。

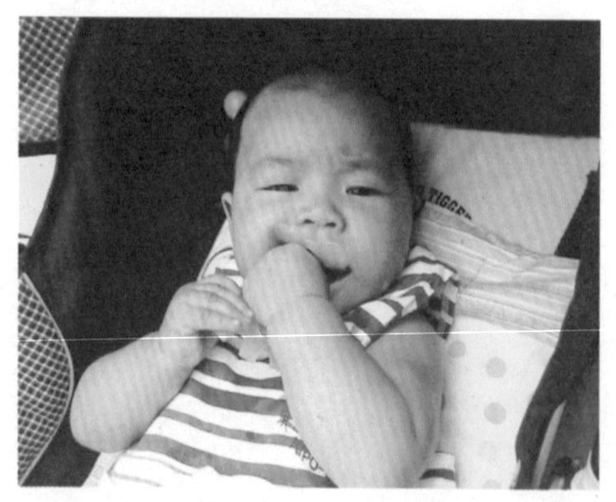

第十一章

41～44周　该给宝宝断奶了

第41周

日常护理指导

选购外衣的基本要求

由于这个月的宝宝还不能自己活动，选购外衣时的要求也比较简单，只要在面料的材质和款式上稍加注意就可以了。这个月的宝宝生活还不能自理，经常会在衣服上留下尿液或各种汤水的痕迹，衣服要频繁地清洗。同时，宝宝活动能力逐月增强，衣服的磨损也比较厉害。所以，在面料的材质方面，要选择那些柔软而有弹性，相对结实耐磨但又不能太厚，可手洗也可机洗，而且洗后不掉色的面料。

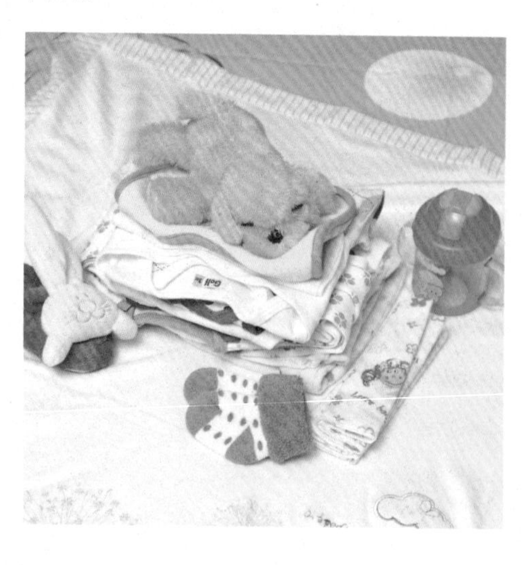

至于衣服的款式要求就更简单了，最主要的就是穿脱起来方便。因此，应当选择那些易于穿脱的衣服，使穿脱的过程尽可能地快。那些温暖舒适，有松紧带或领口宽的衣服较为理想。

外出活动要穿鞋戴帽

这个月的宝宝外出活动的时间比前几个月大大增多了。天冷时外出给宝宝戴帽子尤其重要，因为身体中大部分热量是从头部散发的，给宝宝戴帽子有助于保暖。如果宝宝不习惯戴帽子，或者在给宝宝戴帽子时宝宝反抗，也决不能迁就宝宝，可以等宝宝的注意力分散时再给宝宝戴上。

这个月的宝宝还不能自己稳当地走路，外出时可以穿一双保暖的袜子或一双柔软的鞋。由于此时宝宝脚上的骨头还没定型，所以袜子或鞋子不仅要柔软，而且还要稍大一些。

此外，在寒冷的天气里外出时，不仅要给宝宝准备保暖的帽子，而且还要给宝宝穿上一件厚实的外套。回家时，应及时给宝宝脱掉厚厚的外衣。

营养饮食要点

宝宝还得继续喝牛奶

宝宝还要喝牛奶，而且还不能太少。因为在宝宝生长发育的过程中，不能缺少动物蛋白质。虽然在宝宝的食谱中有动物性食品，也含有蛋白质，但如果宝宝吸收的量不足，就会满足不了生长发育的需求。而牛奶中含有优质蛋白，既好喝又方便，所以从牛奶中补充是最佳的选择。

至于每天让宝宝喝多少牛奶，要根据宝宝饮食中摄入的鱼、肉、蛋的量来决定。因为宝宝吃这些食品越多，相对来说喝牛奶的量就少，父母要注意给宝宝进行合理搭配。既不能因为宝宝爱喝牛奶，就减少吃鱼、肉、蛋的量，也不能因为宝宝喜欢吃鱼、肉、蛋就减少喝牛奶的量，因为这些食物不能相互代替。一般来说，宝宝每天补充牛奶的量最好在500毫升左右。

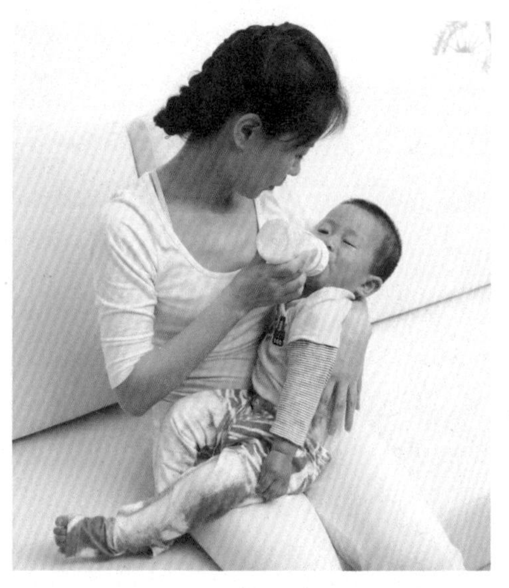

断奶期宝宝饮食调节

进入第10个月的宝宝，如果能熟练地摆弄勺子，并且吃东西时能不完全依靠大人，自己能往嘴里送了，这就意味着宝宝已经到了断奶后期了。

断奶后期宝宝的饮食，开始时米和水的比例为1：5。经过1个月左右，宝宝慢慢适应了，可减少水的比例，米水比例可为1：2或1：3。刚开始给宝宝做的食物，几乎不调味，直接让宝宝体验食物本身原有的味道，以后可以在食物中加少量盐来调味，这样宝宝就会体验出各种食物的滋味，会更加喜欢吃断奶的食物。如果宝宝也喜欢吃大人的饭菜，也可以适当地让宝宝与大人一起吃，这样会增进宝宝的食欲，有助于消化。

体能智能锻炼

搭积木游戏

游戏时，先给宝宝两块积木，让

宝宝把一块积木摞在另一块积木上。再给宝宝一个乒乓球，让宝宝把乒乓球摞在第二块积木上，无论怎么放，乒乓球都会从积木上掉下来。这时，再给宝宝一块小积木，宝宝一摞就摞上去了。成功给宝宝带来喜悦，同时也使宝宝对不同物体具有不同性质有了初步的认识。

健康专家提醒

宝宝断奶易出现一些不适应症状

在断奶过程中，如果准备工作做得充分，宝宝情绪和身体反应就不会那么大。如果硬性给宝宝断奶，宝宝的身体必然要出现不适应症状，其症状有：

爱哭，没有安全感　宝宝爱吃母乳的原因，一是母乳香甜，适合宝宝的口味，是宝宝与生俱来的最好的食物。二是宝宝在吃母乳的过程中，充分体验到了躺在妈妈温暖怀抱中的舒适惬意和特有的安全感。母乳喂养对宝宝来说，除了满足身体发育的正常需求之外，还满足了宝宝正常的情感体验。

如果没有一个循序渐进的断奶过程，妈妈事先没有足够的铺垫，硬性断奶，宝宝会因为没有安全感而产生母子分离焦虑，表现在妈妈一离开宝宝的视线，宝宝就紧张焦虑，哭着到处寻找。这个时候的宝宝情绪低落，更害怕见陌生人。

消瘦，体重减轻　强行断奶，使宝宝的情绪受到了打击，加上不适应母乳之外的食物，对断奶之后的新食物兴趣不大，宝宝吃饭时经常会拒吃。这样，就引起宝宝脾胃功能的紊乱，食欲差，每天摄入的营养不能满足宝宝身体正常的需求，以致出现了消瘦、面色发黄、体重减轻的症状。

抵抗力差，易生病　由于父母在断奶之前没有做好充分的准备，没有给宝宝丰富的食物，很多宝宝会因此养成挑食的习惯，比如只吃米粥等碳水化合物的东西，不吃肉类、蛋类和其他类等含蛋白质、矿物质的食物，造成食物种类单调，从而影响了宝宝的生长发育，造成抵抗力弱，爱生病，特别是容易导致缺钙而发生佝偻病。

断奶不适应症状的解决办法

宝宝在出现了断奶不适应症状后，父母要有一个科学合理的解决办法，具体要做好以下三个方面的工作：

循序渐进，辅食逐渐多样化　给宝宝添加辅食时，要采取逐步增加的原则，每天最多1～2种，而且要观察宝宝吃后的反应，如宝宝没有什么不适，再增加新辅食。尤其是在宝宝身体不舒服的时候，千万不要强迫宝宝进食新食物。可以通过改变食物的做法来增进宝宝的食欲，使宝宝对食物感兴趣。在宝宝不愿意吃辅食的时候就拿开，但这并不等于不给宝宝吃，中间不要喂宝宝其他食物，等宝宝饿了，就会吃了，每次的量不要多，保持少食多餐。

不要半途而废　既然已经开始给宝宝断奶了，就要坚持下去，坚持很重要。即使宝宝出现不适应症状时，也不要因为宝宝哭闹就拖延断奶的时间，或半途而废。在这种情况下，爸爸妈妈要对宝宝进行情绪上的安抚，多抱抱宝宝，跟宝宝说话、玩游戏，陪在宝宝的身边，这样，宝宝情绪稳定了，就会逐步接受断奶的事实。

用餐具喂宝宝　让宝宝习惯用餐具进食，即使喂流质食物也用餐具，比如，把母乳或果汁放入小杯中用小勺喂宝宝，让宝宝知道，除了妈妈的乳汁还有很多好吃的。当宝宝习惯于用勺、杯、碗、盘等器皿进食后，会逐渐淡忘从前在妈妈怀里的进食方法，而开始乐意接受新的食物了。

如果宝宝出现比较严重的症状，如身体发育迟滞、情绪焦虑等，应及时找医生诊治，千万不可掉以轻心。

第42周

日常护理指导

宝宝不愿待在家里

好动、爱玩和好奇是这个月宝宝的显著特点，适当带宝宝到广阔的户外尽情玩耍，既能增强体质，也能发展个性，满足宝宝身心健康发育的需要。

有时，宝宝不愿待在家里，总是哭闹着要到外面去，出现这种情况是有原因的。一是父母因为工作忙，好长时间没带宝宝出去，宝宝在家里待的时间太长了，就会闹着出去。二是父母经常带宝宝到外面活动，宝宝的心玩“野”了，回到家里总觉得憋得慌，或是家里的生活过于单调、枯燥。宝宝在家感到无聊和寂寞，也会闹着要出去。

如果宝宝不愿意待在家里，就应该多带宝宝出去。父母可以带宝宝到街上，看看城市的建筑物、路上的行人和行驶的车辆等（但时间不可太长）。最好带宝宝到公园玩耍，看各种动物、花草，玩一玩滑梯和木马等。要多让宝宝与别的宝宝一起游戏，以便增进宝宝与他人之间的交往。此外，还可以利用休息日或节假日到郊外观赏自然景色，扩大宝宝眼界，丰富宝宝的见识。

在家要多和宝宝交流，给宝宝朗读儿歌、讲故事，和宝宝一起看图书、听音乐，一起唱歌跳舞等。还可以请邻居的宝宝到家里和宝宝一起玩。只要宝宝生活有规律，心情愉快，就不会感到无聊寂寞，自然也就不会老哭闹着要出去了。

营养饮食要点

断奶后期的食品制作

以下食品可以在宝宝断奶后期选用。

■ 沙锅水果

原料：水果罐头（橙子、苹果、梨、菠萝、桃）50克，猕猴桃1个，栗子罐头1瓶，比萨奶酪60克，片状奶酪1块，白色奶油半杯。

做法：将水果罐头盛在过滤杯中，滤掉罐头汁，水果切成稍大块（也可用新鲜水果）；再把猕猴桃剥皮切块，大小类似切好的水果罐头；然后将水果罐头、猕猴桃、栗子涂抹上白色乳液，拌匀，放在沙锅里。比萨奶酪和块状奶酪撕成小块，也放在沙锅里；最后把沙锅放入温度150℃的烤箱里，等奶酪融化后拿出即可食用。

特点：甜脆香鲜，黏软浓醇，营养丰富，是宝宝极好的断奶佳品。

■ 奶香蔬菜什锦

原料：250毫升牛奶，花菜、胡萝卜、黄瓜、火腿各适量，盐少许。

做法：花菜洗净，掰成小块；胡萝卜、黄瓜洗净去皮，切成小丁；火腿切丁。锅里放入牛奶、花菜、胡萝卜丁、黄瓜丁、火腿丁煮软后，加少许盐即可给宝宝食用。

■ 金枪鱼三明治

原料：金枪鱼罐头2大勺，鸡蛋酱，纯酸乳半勺，面包2块。

做法：用过滤杯滤掉金枪鱼的油，然后将鱼肉粉碎；再把粉碎的鱼肉和鸡蛋酱、纯酸乳放在一块调匀；把调匀的酱料夹在两片面包中间，切成适合宝宝吃的块状（不要过大，能一次吃完为好）。

特点：绵软醇厚，鲜嫩香浓，美味可口，营养全面。

应该给宝宝增添的食品

已经到了断奶后期的宝宝，饮食基本上都是断奶食品，在为宝宝准备食物的时候，要制定出营养计划和营养安排，不仅要有菜谱，还应考虑把中期的断奶饮食延长一些时间，使断奶中期与断奶后期有一个衔接过程，最终使宝宝习惯柔软的固形食物。同时还要使食物营养丰富，品种比较齐全，数量有所增加。根据这个原则，应该给宝宝增添的食品一般有以下几种。

牛奶　是最初给予宝宝的含多量蛋白质的食品，而且还是维生素、钙等最上等的供应源。所以可让宝宝大量喝牛奶。

蔬菜类　小白菜、西红柿、西葫芦、南瓜、茭白、茄子等都是宝宝应该吃的食物。至于青菜等含纤维多的蔬菜，也应适当给宝宝吃点，这对缓解宝宝的便秘有好处。

水果类　不同水果的营养成分也不同，要尽可能地给宝宝吃多样性的水果，但要均衡着吃，避免长期只吃某一种水果。给宝宝吃水果的时候，要洗净切成片为好，便于宝宝入口。

面食类　面食是宝宝的主要食物，可以变着花样地做给宝宝吃。如疙瘩汤、面片、馒头片、发糕、小包子、小饺子等，这样宝宝就感到每天都有好吃的东西在等他，对吃就会更感兴趣了。

海藻类　海藻中含有多量的无机盐，特别是碘和钙等，都是宝宝所必需的。但海藻类食品纤维多、难消化，如紫菜、海带等，都要弄碎、煮软了才能给宝宝食用。

体能智能锻炼

为宝宝选择合适的玩具

比较适合这个月宝宝玩的玩具一般有以下几种。

积木　给宝宝积木时，尽管他还不会垒很高，但却能用双手拿着互相撞击或者把积木垒起来。

蜡笔　可以给宝宝蜡笔，让他在纸上随便画。为了避免宝宝把纸画完后在墙上画，应多给宝宝一些纸。宝宝用蜡笔画东西时，父母一定要陪着，以免宝宝把蜡笔当成好吃的放进嘴里。

小鼓　有的宝宝非常喜欢敲小鼓，好像对自己敲出来的响声非常感兴趣，也有几分得意。

画册　一般来讲，宝宝喜欢看画

册也是从这个月龄开始的。有的宝宝喜欢交通工具画册，有的宝宝喜欢动物画册。如果宝宝对书一点儿也不感兴趣，爸爸妈妈也不要强迫宝宝，可以隔一段时间，多加引导，宝宝就可能喜欢了。

玩具汽车　宝宝喜欢有发条或装有电池的玩具汽车，这些汽车既可以让宝宝爬着追，又可以练习走步。

家庭用品　有的宝宝不喜欢玩现成的玩具，却对一些勺子、铲子、锅碗等家庭用品情有独钟。

由于这个月龄的宝宝常常咬玩具，所以无论什么材质的玩具，都要注意质量和安全性。

和宝宝玩手电筒游戏

彩色闪光　将电灯熄灭，将彩色披巾或纱巾覆盖于手电筒发光的一头，披巾或纱巾的各种色彩就会投射在墙壁上。

一个点　将电灯熄灭，将手电筒照射在宝宝房间不同的地方，例如宝宝的玩具上、图画上、时钟上等。

追赶灯光　将电灯熄灭，将手电筒的光芒直射一条清洁的垫子，让宝宝在垫子上爬行追赶灯光。

健康专家提醒

宝宝断奶后容易引起的疾病

由于断奶，宝宝的饮食习惯改变了，由此也带来了身体方面的种种变化。如果给宝宝的断奶工作准备到位，饮食调理的好，宝宝就会顺利地渡过断奶期，宝宝的生长发育就会更好；如果准备工作不到位，宝宝的饮食出现了这样或那样的问题，宝宝就会容易生各种疾病。

营养失调　宝宝的体重低于正常指数，精神萎靡，日渐消瘦，面色和皮肤缺少光泽，而且较为苍白，食欲下降，大便稀溏，睡眠也不太好。这时候就要考虑宝宝是否患了营养失调症。

引起营养失调症的主要原因是，断奶饮食不当，方法不合理，偏食以及食物摄取量不足。营养不良症对宝宝身体的危害是不容忽视的。可降低对疾病的抵抗力，宝宝易患感冒，以及因胃肠道功能差而易引起腹泻。如不加以解决就会使宝宝变得越来越衰弱，要及时带宝宝上医院，使宝宝尽快康复。

消化不良症　宝宝一旦习惯了断奶饮食和断奶期间的护理，父母就容易精神松懈、疏忽大意起来。饮食上由着宝宝，造成宝宝饮食过量，同时又忽视对食具的消毒，以致引起宝宝的消化不良。

不要经常把尿

10个月大的宝宝，每天只换2次尿布的是少数，如果天气变冷，宝宝小便的次数会更多。如果父母像闹表一样，准确地每隔1个小时就让宝宝小便1次，不仅会使宝宝产生厌烦情绪而反抗，而且会造成宝宝精神过分紧张，往往会使排尿的间隔越来越短，这都不利于宝宝的成长。

父母通常可以每隔1个小时或1个半小时看一看尿布，如果没尿湿就把一下。随着宝宝逐渐长大，慢慢就学会主动告诉父母小便了。

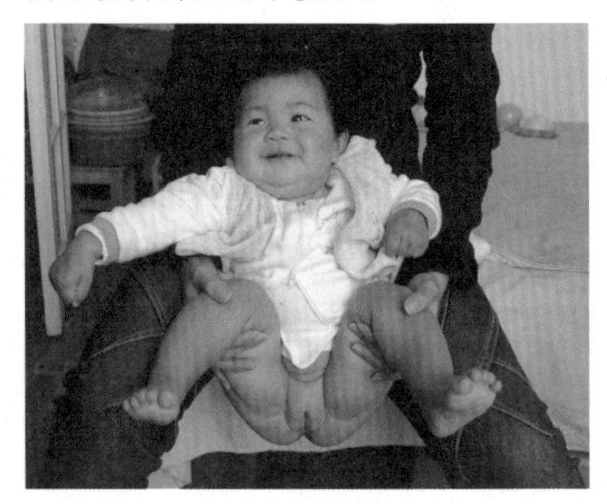

第43周

日常护理指导

带宝宝一起度假的注意事项

度假时，如果条件允许，也可以带宝宝一起去。这不仅可以让宝宝有更多的时间和父母在一起，而且还可以开阔宝宝的视野。

带宝宝一同度假时，考虑宝宝的需求要比考虑自己的需求更周到一些。要选好的气候和合适的休假地点，最好是避开旅游旺季。这样，旅游地点和住处都不会过于拥挤，环境比较安静，费用也会比较少。此外，还要考虑到一些突出事件，如宝宝突然生病等，都可能打乱原来的计划，所以不要把时间规定得太死。

度假的地方应有适合宝宝玩耍和娱乐的场所和设施，还应有适合宝宝的饮食场所和食品。一同度假时应尽量保证宝宝正常的生活规律和习惯，并能让宝宝像在家里一样活动自由。

宝宝喜欢什么样的摇篮曲

现在很多宝宝在没出生时就接受过音乐胎教，所以对音乐有着特殊的情感和感受。大多数宝宝都能在妈妈优美、动听的摇篮曲中安然入睡。但是，也有部分宝宝却难以在妈妈的摇篮曲中安然入睡。这是什么原因造成的，宝宝又喜欢什么样的摇篮曲呢？

一般来讲，宝宝比较喜欢那些曲调优美、歌词简单、通俗易懂的摇篮曲。妈妈在选择歌曲时不仅要考虑是否符合宝宝的特点，而且要声调轻柔、充满感情、唱音准确地唱给宝宝听，给宝宝一种舒服的感觉。同时，选择的曲子要相对固定。固定的曲子唱得时间长了，歌词节奏会在宝宝脑中形成一种信号，只要一听到这首曲子就自然而然地入睡了。如果随意变换曲目，或是曲调变个不停，宝宝的情绪必然也会随歌曲的变化而变化，所以不易安然入睡。

此外，有时也是由于妈妈对摇篮曲的时间或场合选择不当。比如，当宝宝正在游戏或处于亢奋的状态时，或者宝宝睡觉时身边常有人说话、走动或环境过于喧闹，但妈妈一厢情愿地非要哄宝宝睡觉，即便哼唱的摇篮曲再优美悦耳，宝宝也是难以安稳入睡的。

营养饮食要点

宝宝应该少吃的食品

这个月的宝宝一般都到了断奶后

期，饮食基本上都是以辅食为主。父母在为宝宝准备食物的时候，也有应该回避的食品。一般应回避的食品有以下几种：

某些贝类和鱼类　乌贼、章鱼、鲍鱼以及用调料煮的鱼贝类小菜、干鱿鱼等。

蔬菜类　牛蒡、藕、腌菜等不易消化的食物。

香辣味调料　芥末、胡椒、姜、大蒜和咖喱粉等辛辣调味品。

另外，大多数宝宝都爱吃巧克力、奶油软点心、软黏糖类、人工着色的食物和粉末状果汁等食品，这些食品吃多了对宝宝的身体不好，因此，都不宜给宝宝多吃。

体能智能锻炼

语言能力的培养

父母在训练宝宝的语言能力时，可以参考以下技巧。

在带宝宝看图画书时，可以将每页上的东西名称告诉宝宝，每次都按同一顺序读，并让宝宝来翻页。每翻到一页时，可以问宝宝图画书里面的东西是什么？宝宝通过不断地看与摸来增加知识。

这个月的宝宝对用嘴吸东西很拿手，却不会把空气往外吹。如果给宝宝一个喇叭，让宝宝试着去吹，一段时间后，宝宝自然就能掌握吹的技巧了。“呼呼”地吹对宝宝语言的发声非常重要。但应该注意的是，只能给宝宝嘴管短且不会插到喉咙里的喇叭，以免发生危险。

教宝宝认识颜色

教宝宝认识颜色可以随时进行。比如，可指着商场门口悬挂的气球说：“宝宝看，那气球是红色的，和你的衣服一样。”或指着路边停着的汽车说：“那辆汽车是黄色的，和宝宝吃的香蕉是一个颜色。”

健康专家提醒

不能触摸宝宝的生殖器

11个月的男宝宝已经能理解父母的一些意思了。有些父母喜欢用手捏摸小男孩的生殖器，并有意逗问宝宝："这是什么呀？"这种逗乐不仅可能使宝宝以后出现手淫的习惯，而且由于宝宝的生殖器和尿道黏膜比较娇嫩，父母手上沾染的病菌，很容易侵入宝宝的尿道里，造成感染，甚至更严重的后果。因此，不要触摸宝宝的生殖器。

不要漠不关心宝宝的情感

有的父母为了不宠坏宝宝，就对宝宝的一些需求置之不理。这的确起到了不骄纵宝宝的目的，但并不是理智的做法。

父母漠不关心宝宝的情感需求，会让宝宝认为他的感情对于父母来说是不重要的。宝宝便不再表达出这些情感，把它们封闭在心里，甚至自己也不去理会自己的想法。这样一来，宝宝会逐渐长成表面很乖、很听话，但内心很消极、压抑的孩子。

第44周

日常护理指导

睡午觉很重要

这个月龄的宝宝活泼好动，生长发育也非常快，为了宝宝的身心健康，必须保证充足的睡眠。因此，除了夜间的睡眠外，给宝宝安排好午觉也是非常重要的。午睡正好是白天的间隙时间，既可以消除上午的疲劳，又能养精蓄锐，保证下午精力充沛。

午睡应成为保证宝宝神经发育和身体健康的一个重要的习惯。在睡眠

过程中，由于氧和能量的消耗最少，而且生长激素分泌旺盛，可以促进宝宝的生长发育。如果睡眠不足，就会使宝宝精神不振、食欲不好，从而影响正常的生长发育。

为安排好宝宝的午睡，最重要的是养成良好的生活规律，每日按时起床，按时吃饭，午饭后不做剧烈运动，以免宝宝因兴奋过度而不易入睡。同时，午睡时间不要过长，一般以2～3个小时为宜。

营养饮食要点

断母乳宝宝的饮食特点

这个月的宝宝接受食物、消化食物的能力增强了，一般的食物几乎都能吃了。父母要保证宝宝一日三餐搭配合理，每餐不仅要有主食的摄入，还要有一定量的鱼、肉、蛋等动物性食物的摄入。

父母对宝宝食品的选择要灵活多变，如蔬菜的品种有许多，不要局限于青菜、胡萝卜、西红柿，像菠菜、白菜、土豆、豆芽、芹菜、洋葱、韭菜等都可以尝试。在食物初加工时要先洗后切。蔬菜浸泡半小时后清洗；应切得稍微小一点、细一点，既适合宝宝口形的大小，又可以让宝宝拿在手上吃。

烹调的方法多采用炒、煮、焖、煨等，少用油煎、烧烤等。在调味时要清淡、少刺激，低盐、少糖、不用味精，特别注意不要以成人的口味标准来对待婴幼儿的口味。

对于宝宝能吃多少，应该在满足宝宝饭量的前提下，根据情况进行调整，比如对食欲好的宝宝，父母要控制，避免宝宝吃得过多。

对于仍然不能接受辅食的宝宝，父母应引起重视，可以去儿科医院咨询，以获得正确的喂养指导。

1岁以内最好不要给宝宝吃蜂蜜

蜂蜜味道香甜，还可以治疗便

秘，一般人都爱吃。许多父母都喜欢在宝宝吃的牛奶、副食品或开水中添加蜂蜜。这种动机和愿望是好的，但好的愿望未必会有好的效果。蜂蜜容易受多种细菌的污染，1岁以前的宝宝胃肠功能尚未发育成熟，许多细菌可能在肠道中继续繁殖或分泌毒素，经胃肠黏膜吸收进入体内后，就会破坏其原本就脆弱的防御系统而致病。

因此，父母最好不要给1岁以内的宝宝食用蜂蜜。

体能智能锻炼

训练宝宝集中注意力

这个月龄的宝宝，已经有一定的活动能力，对周围世界有了更广泛的兴趣，有与人交往的社会需求和强烈的好奇心。因此，父母每天也应当抽出一定时间和宝宝一起做游戏，进行情感交流。也可招待小朋友到家里来，或带宝宝到别的小朋友家做客。在与其他小朋友相处时，要教会宝宝“拍手、再见”等手势。就算宝宝跟别的小朋友玩不到一起，这种体验也和宝宝自己一个人玩时截然不同。

随着宝宝年龄的增长，不仅要让宝宝定时进餐，以使消化系统有节律地工作，而且进餐时要有固定的座位，训练宝宝进食自理的能力。如让宝宝自己用手拿饼干吃，独自抱奶瓶喝奶、自己拿水杯喝水，以及试着拿汤匙吃饭等。

给宝宝穿衣服时，可以让宝宝配合妈妈穿衣、戴帽、穿袜和穿鞋等，这不仅能培养宝宝的生活自理能力，而且能强化上下、左右等方位意识。

站起来的宝宝开始学坐下来的动作

刚学会站立的宝宝，往往还不会从站立位坐下来，大概他也觉得没把握，试一试还是不敢坐下来。宝宝在长时间站立后，常常因筋疲力尽而烦躁哭闹，试图用哭声把父母招呼过来。待爸爸妈妈帮他从站立位坐下时，不到片刻，宝宝又会忘记刚才的困境和所有的疲劳，而再次费力地使自己站起来。但是，这种反复持续时间不长，就像宝宝学会翻身后，没过多长时间又会爬一样，宝宝在学会站立后，就会努力地学会坐下的动作，这个过程非常有趣。开始时，宝宝会非常小心地把膝盖慢慢地弯曲，然后再试探着把屁股往下沉，如果沉下来后屁股还没有坐下，宝宝就又抓住栏杆站了起来，几次反复后，宝宝终于坐在双手能碰到的地面上，经过一段时间的练习之后，宝宝就能自如地站立和坐下了。

健康专家提醒

找出宝宝不会站立的因素

进入11个月的宝宝，大多数都已经能够自己站立了，最早的在5～6个月就能站立了，但有个别宝宝此时还不会自己站立。

对至今仍不会自己站立的宝宝，父母要从主客观上进行原因分析，一般不外乎以下几方面的因素：

体重因素：过胖的宝宝由于身体笨重，行动费劲，比较不容易站起；但如果宝宝四肢强壮、协调性很好，即使体重很重也可以站得很好。

锻炼因素：整天被放在推车里、躺椅或游戏围栏中的宝宝，没什么机会练习站立。

家具因素：周围的家具如果很不牢靠，或宝宝的鞋袜太滑溜，都有可能对宝宝学习站立产生障碍。

宝宝不会站立怎么办

如果宝宝不会站立，父母可以采取以下解决办法：

对于过胖的宝宝，父母要适当地控制一下宝宝的饭量，既是为现在，也是为将来。

对于缺少锻炼的宝宝，要给宝宝提供一些自由发展空间，这时父母就会发现，宝宝同样站立得很好。

把家具固定牢固，为了鼓励宝宝，在稍高的家具上摆上宝宝心爱的玩具，引导宝宝站起来去拿。另一方面，也可以常常扶着宝宝让他站在父母的大腿上，这对建立宝宝的信心大有益处。

从发育角度看，一般婴幼儿会站立起来的平均月龄是9个月大，多数在12个月以前都能完成这个过程。如果宝宝在1岁时还不能站立，就应该带宝宝去看医生了。

第十二章

45～48周　个性初露的小精灵

第45周

日常护理指导

为宝宝选择合适的学步鞋

这个时期的宝宝，不仅喜欢站在大人腿上又蹦又跳，而且已经能够扶着栏杆站起来了，因此选择一双合适的鞋子十分重要，这将有助于宝宝更好地学站、学走路。

宝宝的鞋子最好选择鞋底稍硬的软底布鞋或粗毛线编织的鞋。鞋底应柔软，防水性强，鞋帮要稍稍硬一些，以保护宝宝的踝关节。最好选带鞋带的鞋，以便及时调整松紧。

宝宝刚刚学步，选鞋时一定要注意尺寸合适。尺寸太小或刚刚合适，有可能挤压宝宝的脚，影响脚部的血液循环，甚至使脚形产生异常变化，同时也影响形成正确的走路姿势。如果尺寸太大，宝宝一活动就掉下来，还容易摔倒。所以，宝宝的鞋应以宝宝穿上站起来时，脚尖前有半个拇指大小的空间为宜。

此外，由于宝宝的脚长得特别快，通常2个月左右就需要换鞋了，所以妈妈一定要经常量一量宝宝的脚，以便及时为宝宝更换舒适合脚的鞋。

给宝宝布置房间

宝宝快1岁了，父母可以为宝宝布置一个舒适的房间，这是送给宝宝的最好礼物。为了把宝宝的房间布置得多姿多彩，需要注意以下几个问题：

柔软、环保的原料 在宝宝房间设施和装修材料的选材上，应符合柔软、自然和环保的要求。尽量用棉布、原木和符合卫生、环保标准的材料。

柔和充足的照明　宝宝的房间应有柔和充足的照明，这样可以使宝宝有安全感，有助于消除孤独感和恐惧感。此外，宝宝的房间设计还要遵守明亮、轻松、愉悦的原则，保持明亮、活泼的色调，不妨多增加一些对比色。

机动灵活的空间设计　巧妙的设计要能使宝宝的房间可随时重新调整摆设，体现空间的多功能性和多变性。比如家具要能随意变换位置，最好也能重新组合，使宝宝对重新调整的空间充满新奇感。家具的颜色、图案或小摆设也要富有变化，增加宝宝想象的空间。此外，在房间的设计上还要有预留展示的空间。因为这个月的宝宝喜欢在墙面上随意涂画，如果在房间的某个区域，设计安装一块类似黑板样的空间，让宝宝可以随意涂画和张贴，不仅不会破坏整体空间的布局，还能激发宝宝的创造力，满足宝宝的成就感。

安全设计　由于这个月的宝宝正处于活泼好动、好奇心较强的阶段，稍有不慎就容易发生意外，所以，房间的安全性也是设计时必须考虑的。如在窗户上加设护栏，家具尽量避免棱角，采用圆弧形收边。

营养饮食要点

宝宝的饮食中不能少了鱼、肉、蛋

宝宝断奶后，就少了一种优质蛋白质、脂肪等营养素的来源，但这个时候，正是宝宝需要这些“生长原料”时候。为了弥补这一不足，就需要给宝宝多吃动物性的食物，来提供蛋白质、脂肪等营养素。因此，宝宝的饮食中，鱼、肉、蛋等是无论如何也不能缺少的。

对于断奶后只愿意吃粥，不喜欢吃鱼、肉、蛋的宝宝，爸爸妈妈要想办法让宝宝吃这类食物。比如把肉末混到粥里，把鸡蛋做成“牛奶鸡蛋羹”，把鱼肉做成“鱼肉松”，在宝宝喝粥的时候放进去，这样一来，相信宝宝会在不知不觉中吃进去，并且会越来越喜欢吃。

体能智能锻炼

讲故事，促进宝宝想象能力的发展

在给宝宝讲故事时，宜选择那些故事情节简单、内容健康、意境优美的童话故事。通过讲述童话故事，可以使宝宝感受到家庭的温暖，从而爱自己的爸爸和妈妈。也可以不把故事的结果说出来，让宝宝自己发挥想象力。

教宝宝识数字

这个游戏的主要目的就是使宝宝有数量的概念，游戏可以结合吃东西进行。

比如，在给宝宝拿饼干的时候，只给宝宝1个，并竖起食指告诉宝宝“这是1。”要让宝宝模仿大人的动作，也竖起示指表示“1”后，再把食物递给宝宝，使宝宝了解“1”的含义。

健康专家提醒

宝宝害羞，要多与其交流

宝宝过分害羞，见到陌生人就躲到父母的身后，甚至别人摸一摸也会大哭不止，这令父母既尴尬，又百思不得其解。父母或许会认为，他们都是性格开朗、爱说爱笑、善于交际的人，而在自己的宝宝身上，却为什么没有他们俩的一点影子呢？其实，宝宝的害羞，仍是继承了父母的性格而来的。

羞怯是一种隐藏的性格，即使在父母身上看不出任何表征，但由父母遗传给宝宝的事实却毋庸置疑。改善这种情形是有可能的，然而想整个扭转则非常难，因为那是宝宝性格的一部分。

尽管为数不少的性格内向、羞怯的宝宝，长大成人后都是个内向的人，然而还有更多的宝宝，则转变为爱交往、善于处事的成人。究其原因，动力绝非是由于父母的压力所致，反倒是父母对宝宝倾注爱心以及鼓励和支持的结果。

事实证明，如果父母视宝宝的羞怯性格为缺陷，并不时加以限制或指责，只会打击宝宝的自信心，从而使宝宝更为内向自闭；反之，父母多鼓励，多支持，让宝宝对自己有信心，有助于宝宝和别人在一起时自若处之，能进一步消除宝宝的羞涩。

第46周

日常护理指导

要鼓励宝宝进行探索

这个月的宝宝活动能力很强，喜欢满屋子爬来爬去，一双小手总也闲不住，就是一个瓶盖或是一张卡片都会让他着迷。尤其会站立或者会走上一两步之后，更喜欢扶着床或家具等东西探头探脑，好像在探索周围的环境。

这时，父母应满足宝宝的好奇心，尽量鼓励宝宝的这种探索行为，赞赏他在房间里的每一个“新发现”。有危险的东西，最好放到宝宝够不着的地方。如果宝宝看中的东西有可能导致危险，那就立刻设法转移宝宝的注意力，并迅速将其藏好或放到安全地带，以免挫伤宝宝的探索精神，伤害宝宝正在萌发的自尊心和自信心。

宝宝爬行时，父母在确保安全的前提下，可有意把几样玩具放到床下、墙角或桌子底下，以激发宝宝的探索精神，当宝宝找到这些玩具后，探索的兴致就会更高。还可以给宝宝准备一个纸箱，里面装上积木、摇铃、布制小动物、小球、玩具汽车以及画册等，让宝宝从中找到自己喜欢的东西。但要注意的是，所有东西不要小于宝宝的拳头，以免宝宝吞进肚里发生危险。宝宝在摆弄这些小玩意的时候，不仅可以逐渐熟悉各种物件的特性，同时也锻炼了手的精细运动能力，对将来的学习和工作都大有益处。

营养饮食要点

宝宝进餐时间不能太长

对于能够开始吃饭的宝宝来说，养成良好的饮食习惯是非常重要的，也是一件很不容易的事。在这一点上，父母起着至关重要的作用。

在生活中，人们常常发现这样的现象，有的宝宝乖顺听话，在短时间内就把饭吃完了；而有的宝宝则活泼好动，边吃边玩，要妈妈端着饭碗在后面追着，才能把这顿饭吃完；还有的宝宝好像食欲不好，虽然也吃，但是不好好地吃，妈妈要哄着，甚至用转移注意力的办法，才能让宝宝吃一点。

对于不好好吃饭的宝宝，父母首先要确认宝宝是否身体不适，如果确认没有什么不适，就要采取一些措施和办法了。比如，要把吃饭的时间定好，宝宝不想吃或不好好吃时，妈妈要果断地收起饭菜和玩具，让宝宝明白，吃饭和游戏必须分开进行。

对于没有食欲的宝宝，要弄清是饭菜不合宝宝的口味呢，还是宝宝不饿？如果是饭菜不合宝宝的口味，就应进行必要调整或提高烹调技艺；如果宝宝不饿，就先让宝宝少吃一点，以后逐渐将饮食习惯纠正过来。

总而言之，给宝宝进餐的时间不要拖得太长，一般控制在20分钟就可以了。要使宝宝从小养成一个良好的饮食习惯，这对将来是大有好处的。

宝宝要常吃水果，但不能多吃

爸爸妈妈给宝宝吃水果时，要本着一个原则，即要给宝宝常吃，但不能给宝宝多吃，因为多吃水果会导致宝宝的食欲下降，进而影响宝宝营养的均衡，使宝宝容易患上营养缺乏症。

快满周岁的宝宝吃水果，再也不用用小勺刮水果泥了，宝宝自己就可以抓着吃，但事先要给宝宝削皮、去籽、切片。尤其给宝宝吃西瓜的时候更要注意仔细去掉西瓜子。每个季节的新鲜水果都可以给宝宝吃，但不可以给宝宝多吃。有些宝宝喜欢吃水果罐头，但是，因为里面有防腐剂、添加剂、色素等，再加上维生素C的含量远不如新鲜水果，因此，即使宝宝再喜欢，也不应该常给宝宝吃。

体能智能锻炼

进行图片与实物相联系的游戏

父母可以给宝宝选择一些常见物品的图片。如做游戏时，先给宝宝看图片，再看实物，并告诉宝宝实物的名称。经过多次反复对比观看之后，宝宝就会将图片与对应实物联系起来了。

最后，可以将宝宝熟悉的图片与其他图片混在一起，或是将某一个实物拿给宝宝，或是不拿实物，只是告诉宝宝实物的名称，让宝宝将相对应的图片找出来。如果宝宝做到了，就要给予宝宝表扬和鼓励，增强宝宝的自信心和学习兴趣。

健康专家提醒

宝宝恐惧时要给予帮助和鼓励

随着宝宝对周围事物的逐渐感知，以前不懂得恐惧为何物的宝宝，现在变得胆小了。尤其对于那些爱动爱摸的宝宝，可能还有过几次“鼻青脸肿”以后，宝宝逐渐体会到在他周围充斥着一些安全上的威胁。在宝宝的生活中，有太多可能让他惊恐的事，在大人看来也许完全不算什么。包括声音，诸如吸尘器、狗吠、警笛、冲水马桶和浴缸水流下去的声音、小猫的叫声、某些机器玩具的震动声等。

正如前面所讲，所有的婴幼儿在某个阶段都会经历到恐惧，虽然有些宝宝能迅速克服恐惧，连爸爸妈妈都感觉不出；而有些宝宝，却对这些恐惧比较敏感，持续的时间要长一些。在这种情况下，爸爸妈妈就要帮助和鼓励宝宝，使宝宝克服这种心理障碍，把恐惧尽快扔到脑后。具体有以下措施：

不要强迫宝宝　比如宝宝是因为小猫咪的叫声而恐惧，父母就要给宝宝时间去适应，让宝宝逐渐感觉到，小猫是不会伤害他的。如果硬把小猫

抱到宝宝跟前，只会加深宝宝的恐惧感。

适时地安抚宝宝　如果宝宝被吸尘器的声音所惊吓而哭叫，父母要把宝宝抱起来，给宝宝一个温暖的拥抱和亲吻，同时与宝宝说话，轻轻地安抚宝宝，时间长了，宝宝就会对吸尘器的声音从习惯到接受了。

鼓励宝宝　当宝宝有恐惧感时，爸爸妈妈虽然同情和体谅宝宝，但不能一味地任凭宝宝的恐惧发展下去，父母的职责和终极目标是帮助宝宝克服恐惧。要想让宝宝克服恐惧，唯有让宝宝了解他所恐惧的东西是不会伤害他的，宝宝才能改变想法。

第47周

日常护理指导

训练宝宝自己大小便

满1岁之后，可以训练宝宝自己坐盆大小便了。训练宝宝自己坐盆大小便的时间，最好选择在温暖的季节，以免宝宝的小屁股因接触冰冷的便盆而产生抵触情绪。

一般来讲，1岁以后宝宝每天小便约10次。父母应掌握宝宝排尿的规律、表情及相关的动作等，发现后立即让宝宝坐盆。逐渐训练宝宝排尿前向父母作出表示，如果宝宝每次便前主动表示，父母要及时给予鼓励和表扬。同时，由于气候温暖，宝宝出汗多，小便少，间隔时间也比较长。

父母对宝宝大便的规律比较容易掌握，也好让宝宝练习坐便盆。1岁以后，宝宝的大便次数一般为每天1～2次，有的宝宝每两天1次。如果很规

律，大便形状也正常，父母就不必过于担心。大部分的宝宝在早上醒来后大便，大便前宝宝往往有异常表情，如面色发红、使劲、打寒战和发呆等。只要父母注意观察，就可以逐步掌握宝宝大便的规律。让宝宝坐便盆大便的时间不宜过长，以不超过5分钟为宜。

开始训练宝宝坐便盆大小便时，父母可以在宝宝旁边给予帮助。随着宝宝逐步长大和活动能力的增强，宝宝就学会自己主动坐便盆大小便了。

营养饮食要点

宝宝不喜欢使用杯子就不要勉强

如果试了几次、换了许多不同的饮料和杯子，宝宝仍然不肯使用杯子，这时候就不要勉强宝宝,等过一段时间后再试一试。要重新换一个新杯子，先把杯子在宝宝眼前亮一下，看到宝宝被吸引了，就把空杯子让宝宝把玩一阵子，然后在杯子里倒上宝宝最喜欢喝的饮料，用以前的方法喂宝宝，慢慢的宝宝就愿意使用杯子了。

让宝宝吃上色香味俱全的食物

父母要提高厨艺水平，给宝宝做出色、香、味俱全的饮食。这不仅可以使宝宝的饮食多样化，避免宝宝因饮食单调、营养不全导致营养缺乏，还可以促进宝宝的食欲，让宝宝开心进食。

如做炖豆腐，放在香味浓郁的鸡汁里炖和放在开水中炖，味道就截然不同。强调食物的色、香、味，当然不是提倡在食物中加入调味品。给宝宝吃的食物最好是原汁原味，新鲜的食物本身就有它的香味，适当加些盐、醋、料酒、酱油来提高色香味也是可以的，但是不要加糖精、人工色素。在爸爸妈妈做出努力后，相信宝宝能吃出食欲、吃出兴趣、吃出好身体。

体能智能锻炼

初步训练宝宝学走

为了让宝宝尽快学会走，父母应注意以下事项：

平时，可以帮助宝宝在你的腿上或柔软的沙发上蹦来蹦去,以增强腿部肌肉的力量。要尽量保证家里的设施安全，以免宝宝学走时发生意外。即使是在宝宝摔倒了也不会受伤的场所，父母也必须随时保护宝宝的安全，不能让宝宝一个人学走路。

爸爸妈妈运动时，要多和宝宝交流，可以对宝宝微笑，让宝宝对运动感兴趣，激发宝宝模仿的愿望。不要到哪儿都抱着宝宝，要尽量给宝宝提供练习走路的机会，克服宝宝对父母的依赖思想。在天冷的季节训练宝宝学习走路时，要尽量少给宝宝穿衣服，以免行动不便或活动出汗后导致感冒。如果是暖和的季节，宝宝还不能走稳时，可以给宝宝穿上厚袜子，再带宝宝到室外学走。

学走训练要事先定好时间。在宝宝小便后，可以把尿布拿下来，以减轻身体负担。每天训练时间控制在20～30分钟较为合适。

培养宝宝的亲和力和爱心

现在的宝宝大多是独生子女，很难有机会和其他小朋友接触，为了培养宝宝的亲和力和爱心，父母可以参考以下办法：

办法1　带宝宝到外面活动时，可以有意识地让宝宝观察大一点的哥哥、姐姐玩耍的情景，宝宝一定会很感兴趣地看。对宝宝来说，这种观察也是一种积极的感受。如果条件允许，也可以让宝宝和他们一起玩。

办法2　对宝宝来说，把自己的玩具或其他东西交给别人，就好像东西被抢一般，实在办不到。这时，父母可以先向别人要玩具或东西给宝宝，然后再让宝宝拿玩具或其他东西给别人。经过这种训练，宝宝会知道别人接到他的东西会很高兴，而交出来的玩具或其他东西还会回到自己手中。

办法3　一开始，父母先当着宝宝的面，爱抚布娃娃等类的玩具，然后说："宝宝，你来抱抱。"宝宝就会模仿大人的动作。经过这种培养，可以让宝宝知道关心、疼爱他人带来的体验。

健康专家提醒

防止宝宝依赖奶瓶

有的进入1岁的宝宝，对于奶瓶好像有种特殊的感情。如果宝宝对奶瓶的依赖程度严重，还会给宝宝的生长发育带来一定的危害，因此父母要想尽一切办法帮助宝宝戒除这个习惯。以下方法可供参考：

限制宝宝用奶瓶的时间、地点和频率。一天只给宝宝使用2～3次奶瓶，正餐间的点心或饮料则放在盘子或杯子里。

奶瓶中不装好喝的牛奶和果汁，只装白开水，这可能会减少宝宝对奶瓶的兴趣，并能保护宝宝的牙齿。

绝不允许宝宝带着奶瓶上床，在爬行、走路及游戏中也不给他奶瓶喝水。规定宝宝只能在特定场合，如坐在父母腿上时才能使用奶瓶。

当然，这需要一个过程，要让宝宝彻底放弃奶瓶是有一定难度的，但父母应设法将长期使用奶瓶对宝宝所能造成的伤害降到最低限度。

正确看待宝宝的安抚物

宝宝断奶后，由于再也不能躺在妈妈的怀抱里吃奶了，也意味着妈妈以后不可能随时随地在他的身边，因此，从生理到心理，一下子感到了巨大的失落，甚至还有点不安全感。

于是，宝宝便开始寻找过渡性的情绪依靠，也就是安抚物。安抚物也可是填充玩具，或是妈妈的贴身小背心。当宝宝感觉不安和无助时，抱着安抚物，心里就感到踏实和安全，甚至有像妈妈爱抚一样的舒适感。宝宝逐渐体会到，爸爸妈妈是否能在身边不由自己，而安抚物却完全在自己的掌握之下。有的宝宝本来没有这种安抚物，但在遇到某个突发状况（例如换新保姆、搬新家），可能就会立刻找一个。还有的宝宝虽然没有安抚物，但睡觉的时候，必须妈妈在身边，宝宝闻着妈妈的体味才能睡得着。

一般情况下，在宝宝2～5岁时就会舍弃安抚物（吸吮大拇指的习惯也在此时停止）。对于宝宝的安抚物，父母要抱着理解的态度去对待，不要强迫宝宝丢弃，但是要尽量限制宝宝。

（1）由于安抚物随时在宝宝的身边，带有特殊的味道，因此，在安抚物开始有味道以前，应赶紧将它洗干净，否则宝宝可能会离不开那种味道胜于东西本身，到时假如把它洗净，宝宝反而会生气。

（2）安抚物若是个玩具，最好买

两个，以防弄丢；若是条毯子，那么可以将其剪为几小块。

（3）平时就要不时地告诉宝宝，等他长大了就不能用这种东西了，逐渐让宝宝有这种意识，今后宝宝舍弃安抚物时也会比较容易。

正向前面所说的那样，断奶时期的宝宝，都会经历这个阶段，但有些宝宝的情形显然过了头。这样的宝宝，将大部分的注意力都放在安抚物上面，既失去了和其他小朋友共处的时光，也占据了从其他玩具当中学习的机会，不利于宝宝的成长和发育。父母应找出原因，及时解决。

第48周

日常护理指导

防止宝宝乱吃

给宝宝喂药水时，不能让宝宝对着瓶口喝，因为喝了好喝的药水的宝宝，会记住从瓶口直接喝东西；好清洁的妈妈经常用酒精棉给手消毒，要把酒精瓶放在高处；安眠药等药物、药瓶不可随意放在枕边，应把药品放在宝宝找不着的地方；使用染发水的家庭，要把染发水放在安全的地方。

防止宝宝烫伤

烫伤程度有轻有重，烫伤发生的情况也多种多样。宝宝坐在饭桌前，热水壶不要放在桌上；烤箱开着电源时，必须照看着，不能让宝宝动；吃炖豆腐、火锅、素烧锅等，应放在宝宝够不着的地方；给宝宝吃豆腐类的食品时，千万要晾凉；家里使用的热水瓶，绝对不能用一碰就溢水的，应换上严密的瓶塞，即使碰倒了，开水也溢不出来；火炉应该加围栏；大人在抱着宝宝的时候，不要抽烟，一方面香烟对宝宝的身体有害，另一方面宝宝爱动，会不小心烫伤宝宝。

营养饮食要点

注重宝宝的每一口

饮食习惯是逐步养成的，爸爸

妈妈给宝宝吃进的每一口食物都是重要的，关系到宝宝的消化吸收、食量及食欲，最终关系到宝宝将来可能习惯吃什么样的食物。尤其是零食，如饮料、甜点、糖果、饼干等，最容易惯坏宝宝的胃口。虽然一些营养丰富的食物，比如果汁和糕点是宝宝所需并且有益健康的，但不加限制地吃，却有害于宝宝饮食习惯的养成。

不让垃圾食品影响宝宝正确的饮食习惯

成年人会因为一些不良嗜好，比如抽烟、喝酒或饮用刺激性饮料，而破坏正确的饮食习惯。而刚刚学步的宝宝，并不会像成年人那样被这些不良嗜好所左右，但却能被过多的垃圾食品所左右，即垃圾食品会喧宾夺主，取代宝宝的正餐而影响食欲，因此，不要给宝宝吃垃圾食品。比如油炸食品、膨化食品等既不卫生，又无营养，还影响宝宝的健康，而且父母也应尽量少吃或不吃，因为宝宝如果看到大人喜欢吃，很快就会开始模仿或尝试，甚至像大人一样养成不良习惯。

体能智能锻炼

放手让宝宝自己走

也许是现在大多数是独生子女的关系，不少父母既想让宝宝尽快学会走路，又怕宝宝摔着，所以总是抓着宝宝的手让宝宝练习才放心。其实，这样做是不行的，也是不科学的。

牵着宝宝的手走路，和宝宝靠自己的力量走路，在保持身体平衡方面是不同的。在大人牵着手时，有的宝宝能走得很好，一旦放开手，宝宝自己就走不好了。所以，要尽量让宝宝自己走。

为了让宝宝尽快学会自己走，父母要重视宝宝平时的体能锻炼。宝宝在家里的时候，可以在父母的保护下，在沙发上爬上爬下。如果住的是越层楼房，让宝宝爬楼梯是很好的锻炼，但要注意安全。如果外出锻炼，秋千、滑梯、小山都是这个月龄宝宝最喜欢的地方，父母应该充分利用那里的设备。

打电话游戏

电话是现代人际交往的重要工具之一，宝宝在家里常常看到父母打电话，在好奇心的驱使下，就产生模仿父母打电话的愿望。父母应该满足宝宝的这一愿望，为宝宝准备一个便于玩耍的玩具电话。宝宝在拿起电话机，学着父母的样子，对着电话听筒自言自语，这也是宝宝与他人交流沟通的开始。为了鼓励和培养宝宝与他人的交流和沟通，父母可以和宝宝做打电话的游戏，用玩具电话和宝宝进行交流，不仅可以增强宝宝与他人交流和沟通的兴趣，也会使宝宝的社会性得到培养。

健康专家提醒

在肋下可摸到宝宝的肝、脾

1周岁以内的婴幼儿在肋下摸到肝、脾不能说是有病。正常婴幼儿的肝、脾大小和上下界的边缘，是随着年龄的不同而有所不同。之所以能摸到婴幼儿的肝、脾，是因为肝、脾均与造血功能有关。

在胎儿期，宝宝的肝、脾是主要的造血器官，出生后造血的任务逐渐由骨髓承担起来，但肝、脾仍担负着部分造血任务。因此，婴幼儿的肝、脏和脾脏就相对较大，尤其是肝脏左叶。另外，由于婴幼儿胸廓发育落后于肝脏，胸廓不能完全覆盖肝脏下缘，所以，常常可在肋缘下摸到肝脏和脾脏。不过，正常的肝、脾的质地是软的，表面很光滑，而且没有压痛。

除了上述生理原因外，有些病理因素也可引起肝脾肿大，如肝炎、贫血、一些代谢性疾病等。但是，病理因素造成的肝脾肿大其质地较硬，可有压痛，同时还会伴有相应疾病的其他表现。如果宝宝没有上述症状，父母大可不必担心。

第十三章

49～52周　宝宝迈出人生第一步

第49周

日常护理指导

可以给宝宝穿满裆裤了

宝宝1周岁以后，以穿满裆裤为宜，但不宜长时间穿紧身裤、牛仔裤。1岁后的宝宝已经能自由行动，户外活动也相应多了起来，但这时的宝宝对卫生常识还一无所知，随便什么地方都坐，如果穿的是开裆裤，特别是女宝宝，地面上的细菌或脏东西会轻易地从肛门、阴道及尿道侵入宝宝体内，引起尿道炎、阴道炎及外阴炎等。

另外，这个年龄的宝宝容易感染蛲虫，由于蛲虫在肛门周围产卵，如果患儿乘坐大型玩具，或者坐滑梯、骑摇马、使用公共坐便器时就容易出现感染或被感染。

营养饮食要点

快满1周岁了，大人日常吃的食物宝宝一般都能吃，所以即使不为宝宝做特别的食物，宝宝吃现有的食物也可以了。可以说，在饮食生活方面，宝宝已完全成为家庭中的一员。但是，正如人与人之间不可避免地有差异那样，宝宝的饮食喜好也有很大差异。比如，有的宝宝爱吃主食类的东西，而有的宝宝爱吃辅食类的东西等，为了便于参照，以下分别列出不同口味的宝宝饮食食谱：

宝宝一日饮食食谱

早餐：馒头半个、蔬菜、酸奶。

午餐：米饭（儿童碗半碗）、菜汤、鱼或肉。

加餐：饼干2块、牛奶180毫升、水果。

晚餐：米饭（儿童碗半碗）、蔬菜、鸡蛋、豆腐。

睡前：牛奶180毫升。

爱吃辅食类宝宝的饮食食谱

早餐：半个馒头、1颗鸡蛋、菜汤、酸奶。

午餐：半碗米饭、鱼、肉、蔬菜。

加餐：饼干2片、水果、牛奶180毫升。

晚餐：半个馒头、牛奶200毫升、蔬菜、水果。

睡前：天然果汁200毫升。

体能智能锻炼

训练宝宝迈出第一步

宝宝的腿部有了力量之后，就可以进行提脚移步训练了。所谓提脚移步训练，就是训练宝宝从双脚无意识地乱蹦，发展成将脚有目的地提起，并向前、向后或向左、向右移步，为学习走路做准备。

第一步，让宝宝学会被动移步。训练时，大人站在床前，两手扶在宝宝的腋下，先让宝宝站稳，然后再教宝宝把一只脚提起并向前移步，另一脚随后跟上。在帮助宝宝学习移步时，可有一人在宝宝前面用玩具或其他东西吸引宝宝。学会向前移步后再学向左边或右边移步。

第二步，让宝宝学会主动迈步。当宝宝的被动移步训练顺利过关，已学会一步一步地向前移动脚步时，还要进行一段时间的巩固训练。巩固训练与被动移步的方法基本一样，即让宝宝站在地上，大人从宝宝背后用手扶在腋下，慢慢引导宝宝向前迈步。等到宝宝的双腿基本可以支撑身体的重量之后，大人就可面对宝宝站立，两手握住宝宝的前臂或手腕，帮助宝宝左右脚轮流向前迈步了。

健康专家提醒

患口腔炎的症状及护理

平时米饭、面条、蔬菜、水果、肉等吃得很好也很香的宝宝，突然出现了不吃固体食物，而只勉强喝点牛奶的情况，这多是因为宝宝患了口腔炎，嗓子痛而导致的。如果宝宝的体温在37.5℃以上，张开口检查时，发现在悬雍垂附近，有2～3个小米粒大小的水疱，就可以诊断为口腔炎。

宝宝患口腔炎的症状，常常出现在不爱吃东西的前1天，体温升高可在38～39℃，继而又很快退热，然后嘴里长出水疱。从季节方面来看，这种病初夏最常见。平时不流涎水的宝宝，患了口腔炎后，也会流涎水，而且有口臭。因这种病是由病毒引起的，所以没有特效药。但同时也不会留下后遗症，一般4～5天就可痊愈。

宝宝患病期间，不能给宝宝吃硬的、酸的、咸的食物，因为吃这样的食物会有一种刺痛感，加剧宝宝的疼痛。牛奶和奶粉最适合宝宝喝了，既不会引起太大的疼痛，又好消化，还有营养，因此，可以喂宝宝这些东西，等待痊愈。如果宝宝不肯喝牛奶和奶粉，可以给宝宝吃布丁、软一点的鸡蛋等。另外，患口腔炎后不能缺水，要多给宝宝喝水。也可以让宝宝起来玩。在宝宝不能吃东西的这段时间内，不要给宝宝洗澡。

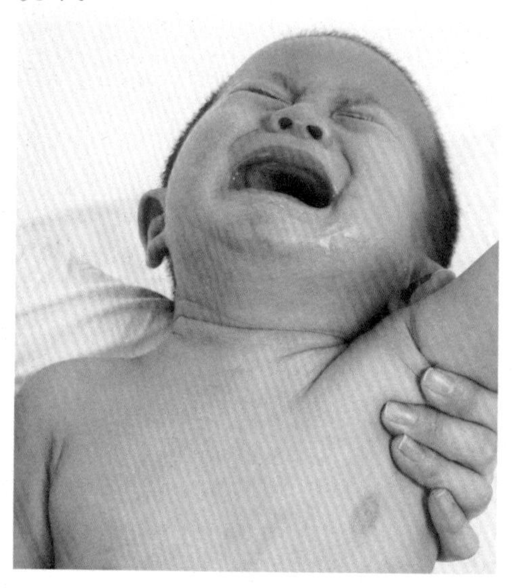

第50周

日常护理指导

防止宝宝摔伤

11个月的宝宝已经会爬了，掉到地上在所难免。因此，不管宝宝睡得怎样香甜，如果不是有栏杆的床，就不能让宝宝独自睡在上面。这个月龄的宝宝会爬高了，宝宝会在大人不注意的情况下爬上楼梯、爬上靠墙的椅子、登上窗台、钻过扶手栏杆等。要预防这类事故的发生，只有一点，那就是，宝宝身边随时随地要有人照看。

正确对待宝宝的正常逆反心理

宝宝产生反抗行为，是成长过程中的必经阶段，同时也是宝宝正常发育和健康成长的一个标志。为了避免宝宝长大以后形成唯唯诺诺、百依百顺的懦弱性格，父母一定要正确对待宝宝的正常反抗心理。

一般来讲，情绪容易紧张的宝宝更易产生反抗心理。对于这些宝宝，父母应设法缓解宝宝的紧张情绪。比如当宝宝疲惫和饥饿的时候，让宝宝及时休息或者吃一些平常喜欢的零食，有助于缓解宝宝的紧张情绪，而不应教宝宝学习新东西或做其他事情。周围环境发生变化或身体状况不佳时，也可能会让宝宝精神紧张而产生反抗心理。比如，宝宝生病时，通常会情绪低落，容易和父母对抗，这时父母应理解宝宝，不妨采取一些宽容的态度和做法。

在现实生活中，虽然独立是宝宝成长过程中的重要一步，但2岁左右的宝宝还太小，不知道自己行为的后果。因此，父母除了采取妥善的方法对待宝宝的反抗心理之外，还应教宝宝学习考虑他人的感受。随着宝宝年龄的增长以及思维能力和记忆能力的增强，会通过倾听和用语言来表达自己的意愿或执行父母的指令，也可以较好地控制自己的情绪和行为，从而逐渐度过这段反抗心理期。

营养饮食要点

尽量少吃精细食物

这个时期的宝宝正是生长发育旺盛的时期，应补充更富营养价值的饮食，而精细食物的营养成分因丢失太多，而且含纤维素少，不利于肠蠕动，容易引起便秘。因此，宝宝应适当吃一些粗糙的食物。比如糙米和白米的营养价值是不同的。糙米就是仅去除稻壳，未经加工的米，这些米保留着外层米糠和胚芽部分，含有丰富的蛋白质、脂肪及铁、钙和磷等矿物质，以及丰富的B族维生素、纤维素，

米仁部分含有淀粉，这些营养素对人体的健康极为有利；而白米的米粒是经过精研细磨的，剩下的主要是淀粉，损失了最富营养的外层。因此，从米的营养角度看，糙米比精白米的营养价值高，而且越精制的食物往往丢失的营养素越多。

但是，提倡宝宝吃些粗糙食物，并不是说宝宝吃的食物一定顿顿要粗糙。因为宝宝的消化功能还是较弱的，所以宝宝吃的食物，既不要过于精制，也不要太粗糙。

体能智能锻炼

儿歌是宝宝早期教育的好体裁

在宝宝的早期教育中，儿歌是宝宝比较喜欢，而且容易接受的好体裁。

在对宝宝进行智力教育的时候，如果能把儿歌与动作结合起来，就会收到更全面的效果。比如把儿歌与宝宝握拳、伸手、晃手、拍手等动作相结合。

如一只手、两只手（先后伸出两个巴掌），握成两只小拳头（两手握拳），只要能做的动作都可以结合起来。

健康专家提醒

宝宝的心跳、脉搏较快是正常现象

有的父母无意中发现宝宝的心跳、脉搏较快，担心宝宝的心脏有问题。其实，1岁的宝宝与大人相比，心跳和脉搏就是快。从发育来看，1岁宝宝的心脏大小与新生儿期相比增长了1倍，血管相对变粗，供血情况良好。年龄越小，心跳和脉搏就越快，这是因为婴幼儿新陈代谢旺盛、需要更多的营养物质和氧气，这都得依靠心脏和血管来输送。

另外，心跳的快慢受两种神经的支配，一种是交感神经，能使心跳加快；另一种是迷走神经，能使心跳变慢。婴幼儿时期迷走神经所起的作用小，主要由交感神经来支配。由于上述种种原因，所以1岁以内宝宝的心跳、脉搏就较快，一般为每分钟

110～130次，而且每个宝宝之间差异也很大，活动、哭闹、体温升高时均可使宝宝心跳、脉搏加快，而睡眠或安静时宝宝心跳、脉搏则减慢。一般睡眠时每分钟心跳、脉搏可减少20次甚至更多。

有这种担心的妈妈，不妨再仔细观察一下宝宝的心跳、脉搏情况，如果是上述这种情况，就尽管放心，如果宝宝还伴随着其他症状，比如，有喘不过气的症状，或者有嘴唇、脸色青紫现象，就要带宝宝上医院诊治了。

第51周

日常护理指导

保护宝宝的眼睛

婴幼儿时期，既是宝宝视觉发育的关键时期和可塑阶段，也是预防和治疗视觉异常的最佳时期。因此，保护好宝宝的眼睛要从小开始。根据照明的要求，宝宝居住、玩耍的房间，最好朝南或朝东南方向，窗户要大而且便于采光。自然光不足时，可加用人工照明。人工照明最好选用日光灯，一般电灯泡照明最好再加上乳白色的圆球形灯罩，以免光线刺激宝宝的眼睛产生视觉疲倦。此外，宝宝房间的家具和墙壁最好是鲜艳明亮的淡色，如粉色、奶油色等，这样可巧妙利用光的折射，增加房间的采光效果。

营养饮食要点

挑食的宝宝要变着花样喂

随着宝宝的逐渐长大，宝宝吃的食物花样也逐渐多起来，许多过去不挑食的宝宝现在也开始挑食了。宝宝对不喜欢吃的东西，即使已经喂到嘴里也会用舌头顶出来，甚至会把妈妈端到面前的食物推开。

为了改变宝宝挑食的状况，妈妈可以改变一下食物的形式，或选取营养价值差不多的同类食物替代。比如，宝宝不爱吃碎菜或肉末，就可以把它们混在粥里或包成馄饨来喂；宝宝不爱吃鸡蛋羹，就可以煮鸡蛋或者荷包鸡蛋给宝宝吃等。

总而言之，要想方设法变着花样给宝宝吃。即使宝宝对变着花样做出的食物还是不肯吃，爸爸妈妈也不要着急。如果宝宝只是不爱吃鱼和肉中的一两样，是不会造成营养缺乏的。谷类食物里的品种很多，不吃其中的几种也是没有关系的。千万不可强迫宝宝，以免因此而产生厌食症。

体能智能锻炼

投掷游戏

这个时期的宝宝，已经开始对投掷东西产生了浓厚的兴趣。投掷活动是一件娱乐和健身两者兼得的事情，父母如果让宝宝每天锻炼几个小时投掷，宝宝会更健康、更强壮。如果是在户外练习的话就更好了。

在户外活动时，如果和宝宝做投掷游戏，需要父母在旁边看护。如果宝宝站着投却投不好，父母可以让宝宝一只手扶着墙或者是坐着，另一只手进行投掷。如果宝宝习惯用左手，那也没有关系，不必强迫宝宝非用右手，以免影响宝宝的情绪，更达不到健身的目的。

这个小游戏不仅锻炼了宝宝对手的掌握能力、上臂力量，还能锻炼宝宝对整个身体协调性的控制。

健康专家提醒

慎重使用宝宝学步车

眼看着宝宝开始走路了，不少父母准备为宝宝买学步车了。目前，确实有不少年轻的父母认为学步车是宝宝的好帮手，在学步车的帮助下，宝宝会很快地自由地穿梭在家里的厅堂之间。但是，也有不少父母不喜欢学步车，认为学步车对宝宝的发育不利，使用不慎还会给宝宝带来危险。

学步车的使用各有利弊，基本上还是利大于弊。但是，在使用学步车时，应注意以下几点：

首先，学步车适合8～18个月的宝宝使用，使用得过早，会影响宝宝其他运动能力的阶段性发展，有的宝宝没有经过爬的过程，就直接过渡到了走，这样对宝宝的总体发育不利。在宝宝能够独立行走后，不要因为学步车能给大人带来方便，还继续使用，这样会限制宝宝的活动，也影响宝宝的发育。

其次，给宝宝使用学步车，还要掌握时间。因为这个时期的宝宝，骨骼中含钙少，胶质多，骨骼还比较软，承受力较弱，易变形，所以宝宝在学步车里的时间，每次不要超过30分钟。此外，由于宝宝足弓的小肌肉群发育尚未完善，练步时间长易形成扁平足。

最后，给宝宝使用学步车，还应注意安全问题。使用前要调节好坐垫的高度，以免宝宝摔出去，并检查各个部位是否牢固，以防在碰撞过程中发生车体损坏或车轮脱落等事故。

第52周

日常护理指导

给宝宝过周岁生日

人们都说妈妈十月怀胎不容易，其实，抚养宝宝整整一年的时间了，养育宝宝也同样不是一件容易的事。

在这一年的育儿过程中，宝宝不仅在父母的辛勤培育下茁壮成长，体能和智能的发育都有了明显的进展，就是父母本身也学到了很多东西。所以，无论是从哪个角度来讲，给宝宝过周岁生日，都是一次欢乐的庆典。

人生的路是漫长的，但也是短暂的，在成长道路上的每一个结点都是值得庆贺和纪念的，对于出世不久的宝宝来说，庆贺第一个生日更显得尤为重要。尽管这个时候的宝宝，对自己的周岁生日没有任何感觉，但在周岁生日时留下来的照片和录像，将是他一辈子也难以忘怀的成长纪录。同时，在宝宝周岁的时刻，亲朋好友汇聚一堂，既是祝贺宝宝一年来的成长，也是对妈妈爸爸辛勤劳作的一种褒奖。

营养饮食要点

适合宝宝的生日蛋糕

过生日时大多会给宝宝订一个蛋糕，但对于刚1岁的宝宝来讲，有些蛋糕并不适宜，比如巧克力蛋糕，或者带有果仁、糖和蜂蜜等的蛋糕，都不适合宝宝吃。类似胡萝卜蛋糕等比较合适，但上面铺有的鲜奶油应不加糖。此外，蛋糕的形状最好具有某个特殊角色的模样，或用鲜奶油装饰一个卡通人物等更能增加趣味。

在为宝宝切蛋糕时，要控制好量，块的大小应与宝宝平日吃的分量差不多或者稍稍少一点。

体能智能锻炼

培养宝宝的独立性

这个时期宝宝的心理是充满矛盾的，特别是在依赖性与独立性的关系上表现得更为突出。有时候妈妈一走出房间，1岁的宝宝就会哭叫，好像一刻也离不开妈妈。这种依赖性虽然在某种程度上给妈妈造成不便，但却有益于宝宝的成长。同时，这个年龄的宝宝又越来越具有独立性，并且独立的欲望越来越强，想自己去发现新的地方，并且愿意和不熟悉的人交朋友。

有的父母为了培养宝宝的独立性，常会把宝宝长时间地单独留在一个房间里，任凭宝宝哭叫着要爸爸妈妈而不去管，试图通过这种方法来“培养”宝宝的独立性。其实，宝宝的独立性来自于安全感和自由感，如果采取上述方法，运用强迫性的手段处理这个问题，只能使宝宝把周围的环境看成一个讨厌的地方，最终使宝宝的依赖性更强。

1岁左右的宝宝正处于发展的十字路口上，只要给宝宝适当的机会，宝宝就会逐渐形成较强的独立性，就会更加自立、更加善于交际。所以，在宝宝学会走路以后，就应该在外出时，领宝宝去一个用不着父母随时跟着的地方，或者去一个有其他孩子玩耍的地方。通过这种频繁地与生人接触，逐渐使宝宝对外界事物建立起信任感和安全感，从而有利于宝宝独立性的培养。

健康专家提醒

给宝宝过周岁生日的注意事项

布置要得当　一般来讲，给宝宝过周岁生日，都是在自己家里举行，所以一切布置不可太过复杂。装饰要简洁明快，可以根据家庭或宝宝的特点，选择某个主题作为适当的亮点，比如宝宝喜欢的卡通形象，或者利用一些气球和鲜花烘托气氛。

客人不能太多　给宝宝过周岁生日，一般只限于直系亲属和少部分极为亲密的好友。即使是这样，客人也不能太多，因为人多空气污浊，对宝宝健康不利。

时间要合适　给宝宝过生日的时间一定要合适，不能因为安排给宝宝过生日而打乱了正常作息计划。比如，宝宝通常在下午会小睡一会，就别将过生日的活动安排在下午。也不要为了使宝宝能在稍后的活动上多吃一点，而故意延误宝宝正常的进餐时间。总之，安排过生日的前提是让宝宝有充分的休息。整个活动的时间也应有所控制，时间也不宜拖得太长、太晚，最多一个半小时，以免影响宝宝休息。

不安排节目　给宝宝过周岁生日，一般不安排文艺节目，任何可能会吓着宝宝的表演都不能安排。因为刚满1岁的宝宝十分敏感，而且无法预期，可能本来可以使宝宝高兴的事物，不知什么时候就会吓着宝宝。如果有其他小朋友参加，可以准备一些玩具，而且最好同款的多准备几个，以免发生你抢我夺的局面。